U0097938

飲品職人
時尚輕調飲

掌握飲品基底、調製法和溫杯冰杯技巧，搖出特有風味口感！

陳韋成・余姍青／著

想要成就一項專業，想要成爲一位達人，不論您在什麼位階都需要不斷的練習再練習，不斷的打掉重來再重練，即使已經是高手，也絕對不能自滿，脫離舒適圈應該就是成爲專業人的宿命吧！

在任何行業領域中只要愈投入就會愈覺得自己的不足，姍青老師是一位在餐飲專業領域上不斷尋求自我突破的料理人，身爲教師的她在學校裡不僅需爲人師表指導與照顧學生，私下也是努力嘗試著不斷的充實進修、不斷的挑戰極限，更是參加了大大小小的料理比賽。

這本《飲品職人時尚輕調飲》不但集結姍青老師做菜、做餐飲的觀念、邏輯，還包含他對餐飲料理的心得，值得推薦！

三立電視型男大主廚主持人　詹姆士

這是一本讀來生津止渴的飲調書，不單因書中各種飲品躍於紙上爭奇鬥豔令人流連忘返，翊翊呈現的飲料與精準的比例，彷彿令人一讀即品嘗到的讓人唇齒留香。

台灣飲料五花八門如繁星永簇，要在其中尋得蛛絲馬跡並有條不紊的整理成冊，著實不易。韋成與姍青兩位老師在此書言無不盡、傾囊相授，無論是網美飲品、放鬆調酒、異國風味等，都讓我們看到兩位老師推廣在地風土，以上乘食材玩習調飲，並結合各地文化感，如書中將各式飲料保留經典、玩味翻轉，這也是我們相知的美好泉源。

一杯飲料的調製，光是閱讀就能讓我陶醉在杯中的美好滋味，再讀沁人心脾，我想無論是一般讀者或從業人員皆能從中得到啟發與靈感，一同窺探韋成與姍青老師的飲調祕訣。

三立電視上山下海過一夜主持人、中央書局主廚　楊盛堯 Max

炎熱天氣觸動著每一位期待解渴的味蕾，簡單又富健康且具創意的一杯飲品帶給日常生活許多小確幸。「讓飲品不再只是飲品」，帶出分享的共創價值。

姍青老師是本縣教育局特教科的同仁，雖於八月才到職服務，卻已感受到她的才華洋溢與熱情。姍青老師是餐飲科教師，擁有許多餐飲專業證照之外，同時也是國內外各大餐飲賽事的常勝軍。這次與業界調酒師韋成老師合作共同出版飲品專書，將兩位專家多年的業界實務與教學經驗結合，透過文字與圖片的力量傳遞給讀者更多元的感受。

在此真心推薦《飲品職人時尚輕調飲》給喜歡飲品的朋友們，透過書中七大單元的內容與特色，將飲品世界完整呈現，相信能爲各位在飲品世界裡帶來多元且與衆不同的新體驗！

新竹縣教育局局長　楊郡慈

獨特的手搖飲，不僅深受人們喜愛，更成為台灣重要的飲食文化。近年來飲料從單純的解渴，提升為時尚的特色飲品，從食材、口味及配色皆呈現不同風貌。

擁有教育部餐飲科教師證及餐飲證照的姍青，高中畢業後，因緣際會加入彰化縣文化局擔任志工服務。姍青熱心與民眾互動且協助各項藝文活動，更於民國 111 年獲得彰化縣志願服務金牌獎。對於志業的堅持，也讓她在餐飲領域闖出一片天，不僅帶領學生參加各種餐飲比賽屢獲佳績，也在國際烹飪競賽為台灣爭光，對於餐飲的熱情令人印象深刻。

姍青與韋成共同出版，不僅能欣賞到姍青精心設計的創新時尚飲品，更能體驗調製飲料的成就感，盡情享受飲料的無限魅力！欣逢本書出版之際，特撰此序文以表祝福，敬祝本書廣受歡迎。

彰化縣文化局局長 張雀芬

恭賀我的學生姍青和韋成出版新書，兩位老師跨校合作默契十足，在學期間積極考取國內外多元飲料調製證照，更藉由參與比賽觀摩學習，提升飲調的創新能力。他們目前擔任教職，更積極培育學生檢驗學習成果考取飲調證照，也訓練學生多方面參與比賽，激發創意學習能力，兩位有計畫的搭建鷹架，協助學生在飲料調製專業能力上不斷創新和屢獲佳績，並滾動式調整符合時勢脈動，教學成效不言可喻，所謂的青出於藍更勝於藍，是當老師最引以為傲的事。

力推這本飲品藝術書籍，大家可以輕鬆學會特調飲品，所謂「台上一分鐘，台下十年功」他們的經驗可傳承成為學習飲品調製的模式與飲料食譜，讓大家在家也能享受品嘗調飲的藝術與樂趣！

國立澎湖科技大學餐旅管理系教授兼觀光休閒學院院長 吳菊

姍青曾任職大學餐旅管理系助教也有擔任高職教師經驗，韋成除了是飲調專業老師，更是一位成功自創飲務品牌負責人。兩位雙雙持有飲料調製乙級專業證照，更不藏私的指導年輕學子考取餐飲專業證照及參與相關賽事成績斐然，敬業負責是學生心目中像朋友般的師長。

相信兩位優秀人才聯手合作一起共同出版《飲品職人時尚輕調飲》，結合學界與業界多年專業經驗在此書一次展現，本書承載著傳統與創新，內容豐富多元，不只滿足喜歡飲品愛好者，更造福飲調實務同好，在此推薦時尚且值得試著動手調製與收藏的飲調精華給大家！

弘光科技大學餐旅管理系助理教授、飲料調製監評 許素鈴

飲品蘊含美好滋味與回憶

　　在一次電話中，與姍青老師聊到要不要一起出版飲料相關用書？當下想起自己的第一本著作是檢定用書，和第二本（本書）的方向有很大不同，加上原本就有出版創作飲品書的想法。經過這次機會認識了橘子文化葉主編，我們在許多次會議上討論，依姍青老師教學經驗與我在業界發展結合，多元角度的方向書寫，讓學習者、零基礎者皆可易懂、易操作的一本書。

　　20年前在學生時期就開始接觸調飲，從考證照開始、調酒選手到出社會，咖啡廳、夜店、酒吧、異國餐廳、飯店、學校教學等，直到現在自己創業、從事教育飲品相關行業等，這次書寫用多年的經驗，將客人喜愛的飲品放入書中，把回憶勾起完成這本書。雖然拍攝只有短短三天，卻是非常有挑戰的工作，還好葉主編的完美規劃，與姍青老師夥伴的配合，我們順利完成了所有拍攝，在這些過程雖然辛苦，但留下許多美好的回憶。

　　近幾年，不管是飲料店、咖啡廳、餐酒館都成長許多，在台灣的蛋塔效應下，各行各業只要有利潤，大家都會搶著開，人人都想當老闆夢，因此這樣的氛圍下，變得非常競爭，競爭使人成長、飲品變化、口味創新。書中分成六大類飲品：網美熱推飲品、飲品店招牌、異國風味飲、經典古早味、放鬆調酒趣、職人創意飲，讓您在家可以輕鬆製作一杯手機拍得到、味蕾可享受到的飲品，並且還教大家如何用調製法帶入製作技巧，希望這本書不僅讓您輕鬆自在調飲，還能將專業帶走，讓您創業時有更多的品項選擇。

　　在教學或業界經驗已累積約20年，這本書將我對飲品的堅持與態度，逐一紀錄，希望飲品不只是一杯飲料，而是蘊含每個人的回憶，每杯飲料都有自己的故事，在此特別感謝邀請我共同著作的的姍青老師、橘子文化葉菁燕主編的進度安排和內容建議，另外感謝攝影師周大哥，有大家的協助，才能讓本書順利完成，最後希望每位讀者都會喜歡書中的每款飲品，可以開心製作及享受喝飲料的滋味！

陳韋成

當飲料變成手機裡的網紅美少女

社群網站 Facebook、Instagram 等總見到網美飲料的照片，何時起口渴這件事原為身體反應水分需求的現象，變成喝到嘴巴前先為飲料拍下照片，接著上傳打卡、點讚、分享。

每年我都會指導學生考取飲料調製證照，考照後很想為學生多做些什麼，餐飲的專業來自業界，便開始在課堂裡教學現今流行的飲料，還有自己設計的時尚飲品。我不是特別愛喝飲料的人，但很喜歡觀察飲料的結構，有時靈感乍現，腦袋就會浮現一杯新飲料的畫面，馬上一張紙一支筆構圖速寫，下一秒迫不及待的想讓它實現在眼前。飲料融合了我在餐飲所學的專業，直到某天接到小燕主編的電話，邀請我讓這份對飲料的熱情編輯出版成這本您手中的書。

本書能突破重圍如期完成，首先感謝橘子文化與小燕主編，專業有系統的脈絡協助我在內容撰寫上能以高效率的方式整理歸納，並且用周密嚴謹的角度考量讀者需求，感謝主編不厭其煩的叮嚀我容易忽略的細節，讓這本書的出版更有價值；也感謝攝影師周大哥，用心準備布景與道具，讓作品能更吸睛的呈現；還有感謝拍攝時的助手，酒精化學研究員花花、國立北斗家商畢業生宜瑾與瑩蓁，謝謝三位犧牲假日全力配合本書拍攝；特別感謝國立北斗家商莊小玲老師即刻救援，再次感謝萬分！

在此更要鄭重感謝超級好夥伴陳韋成 Smile 老師，感謝他鍥而不捨沒有遺棄我，近半年寫書的期間，始料未及的是因轉職與家人讓心境出現前所未有的適應期，總是在我焦頭爛額時給予很大的信心，才能堅持到底將書走到完成階段。最後，請讀者睜亮雙眼、挽起袖子、張開嘴巴，我們一起看見每一杯飲料的精彩，享受調製飲料的成就感與喝到每一口飲料的暢快滋味，感受整本書帶給您視覺與味覺的巧妙絕倫！

余姍青

目錄 Contents

Chapter 3
飲品店招牌

Chapter 4
異國風味飲

TIPS

🔲 每款飲品配方為 1 杯，杯子款式及容量可視方便性選擇，不需和書中相同的杯子。

🔲 書中三段式搖酒器容量為 550ml，而作法所指冰塊量幾分滿，即是用搖酒器裝盛冰塊的參考值。

🔲 飲品所標註的裝飾材料，可依喜好酌量添加，或是不加亦可。

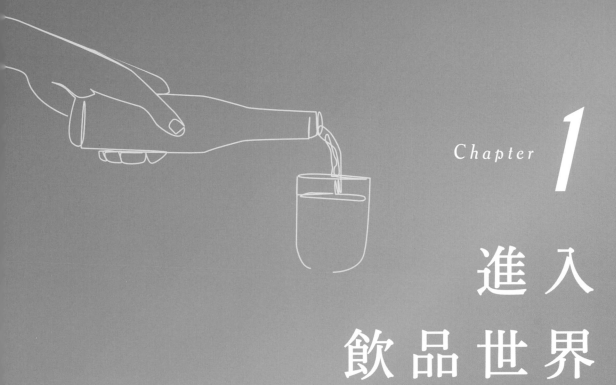

Chapter **1**

進入
飲品世界

認識調飲器具材料、常見調製法和基底、
溫杯冰杯技巧、創業停看聽等，
搖出解渴又療癒的美妙滋味與看見人氣商機！

調飲器具和材料

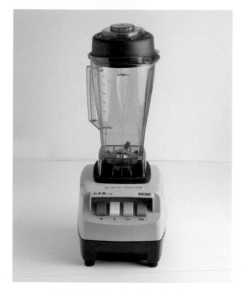

果汁機或冰沙機

搭配電源使用，分成上座與下座，上座放材料、下座則是連接電源，下座有瞬切、啟動與轉速模式，可以用來打果汁或是做霜凍冰沙系列飲品。

碎冰機

用來製作碎冰的機器，有電動碎冰機與手動碎冰機，例如：本書飲品檸愛莫西多 Just Love、蝶豆花洛神氣泡飲皆有用到。

測量類

量杯

常見為玻璃製或壓克力製，側邊有刻度，依據容量分成 500ml、1000ml 及 2000ml。可以用來測量或取用較多量的液體材料，例如：茶、鮮奶、水等。

量匙

多為一組四支或五支，材質金屬製與壓克力製皆有。容量由大至小依序為：1 大匙 15ml、1 小匙 7.5ml、1 茶匙 5ml、1/2 茶匙 2.5ml、1/4 茶匙 1.25ml，是用來量取材料的用具。

量酒器

材質有塑膠製與不銹鋼製，為雙頭皆可使用的造型，一頭容量為 30ml、另一頭則為 15ml，是取少量及定量液體材料時經常使用的用具。

電子秤

用來秤量材料重量，例如：茶葉克數、蔬果克數或是各種材料克數等，可以精準秤量材料的正確重量。

溫度計

用來測量飲品或材料溫度，或是沖泡時的正確沖泡水溫，例如：紅茶沖泡溫度、鮮奶加熱溫度。市售常見的溫度計有指針型與電子型。

✂ 輔助器具

搖酒器

又稱為雪克杯，市場上常見的有三段式搖酒器與波士頓搖酒器。搖酒器是拿來混合材料、快速冰鎮與產生飲料豐富泡沫之用途。三段式搖酒器常見有 250、350、550、750ml 容量，書中所使用為 550ml 搖酒器。

吧叉匙

一頭為湯匙造型，另一頭則是叉子造型。湯匙造型可以用來混合材料攪拌功能，叉子那端可以用來固定櫻桃或水果等裝飾物，中間的螺旋可以輔助旋轉幫助材料混合。

奶泡壺

用來製作冰奶泡與熱奶泡，將鮮奶倒入奶泡壺約 1/3 杯，利用把手上下抽壓即可打發鮮奶產生濃密奶泡。

公杯

材質有玻璃製與壓克力製，造型一頭為帶嘴，另一頭有無把手皆有，拿來盛裝液體材料，例如：各式果汁、鮮奶等。

沖茶器

以玻璃製品為主，用來沖泡 1 至 2 杯量的茶葉使用，附有把手與濾網可以將沖泡好的茶葉固定濾出。

檸檬榨汁器

上圖為金屬製，用來榨取檸檬汁專用器具，握柄為利用手握的力量將檸檬汁榨出，下層有洞可以用來濾出檸檬籽。

壓汁器

材質有玻璃、金屬，多為塑膠壓克力製。用來壓取檸檬汁、柳橙汁或是葡萄柚汁等柑橘類果汁之用途。

濾茶器

造型大多為漏斗狀，多為不銹鋼製成，可以用來過濾茶湯，還有較細的茶葉碎渣與雜質。

搗棒

材質有不鏽鋼製、塑膠製或木頭製，用來搗碎砂糖與擠壓出香草之液氣味混合用途，例如：本書飲品港式凍檸茶、檸愛莫西多 Just Love。

單柄鍋

有單柄把手，搭配卡式爐加熱茶類飲品時使用，也可冰鎮冷卻茶類、咖啡等飲品時使用。

砧板 & 水果刀

砧板為塑膠製為主，與水果刀互相搭配使用，用來切割各種材料或是水果。使用前砧板底下必須墊擰乾的溼抹布，可以防止切割時砧板滑動而導致危險。

⌇ 咖 啡

淺焙咖啡豆

咖啡豆外觀顏色較淺，味道較酸香氣有青草味，適合用來製作熱咖啡系列相關飲品。

深焙咖啡豆

咖啡豆外觀顏色較深，表面有油脂感，味道較苦、香氣濃，適合用來製作冰咖啡系列相關飲品。

義式咖啡豆

咖啡豆外觀顏色深，表面可以看見油亮的油脂，具備濃厚的苦味，適合用來萃取義式濃縮咖啡，萃取後的咖啡有豐富的黃褐色泡沫乳脂，利於製作咖啡拉花。

即溶咖啡粉

市售即溶咖啡以乾燥法製造取得，常溫保存即可沖泡使用，可以選擇自己喜歡的品牌調製飲品，沖泡時以水溫90～95℃為宜。

⌇ 乳 製 品

鮮奶

鮮奶依據乳脂肪含量選購時而有所區別，本書較多使用為全脂鮮奶，乳脂肪含量高，可使乳品香氣濃郁，也利於冰奶泡與熱奶泡打發。

無糖鮮奶油

鮮奶油是以鮮奶中的乳脂肪製得，乳脂肪含量為35％左右，本書中使用的無糖鮮奶油為動物鮮奶油，內含乳脂肪可以使飲品呈現濃郁口感，用來製作奶蓋更可讓奶蓋的層次輕易漂浮在飲品表面。

泡沫鮮奶油

又稱為噴式鮮奶油，不需費時打發，使用前搖一搖再將瓶身倒立，以大拇按壓即可馬上裝飾飲品。

優格

書中常用到無糖優格，優格是優酪乳再進一步製成凝態發酵乳，質地較為濃稠，市售也會增加其他香料、風味，或是添加水果果肉增加口感。另外，也有希臘優格，口感介於優格與起司之間，濃稠感較重，能做比較立體的操作，例如：夏日忙西瓜、夢幻雲朵冰沙。

一 茶 類

綠茶

外觀爲淡綠色，爲不發酵茶，帶有青草香氣、富含維生素 C。沖泡後色澤爲淡綠色調，熱水最佳沖泡溫度是 75 ～ 80℃之間，在本書基底茶調配中以 85 ～ 90℃較高的溫度進行沖泡，使綠茶風味更鮮明。

青茶

部分發酵茶，統稱爲青茶類，依發酵程度的不同在 12 ～ 70%之間皆有，發酵程度也呈現於沖泡茶湯的色澤，發酵成度愈高，沖泡好的茶湯顏色也相對愈深，從淡黃色、金黃色至琥珀色皆有。味道也會從清香至濃郁。本書中使用文山青茶，爲凸顯茶香味道與增加本書飲品調製特色，沖泡水溫以 85 ～ 90℃進行沖泡。

凍頂烏龍茶

爲青茶類之一，發酵程度 20 ～ 25%左右，茶葉外觀爲球型，茶湯呈現琥珀色。

阿薩姆紅茶

爲全發酵茶，沖泡溫度較高，熱水最佳沖泡溫度是 90 ～ 95℃。產於印度阿薩姆區，沖泡出來的茶湯顏色爲紅褐色，口味濃郁且澀味強烈，非常適合加鮮奶製成奶茶。

伯爵茶

英式紅茶伯爵茶，茶葉以正山小種的茶葉爲基底，聞起來有柑橘的香氣，是添加香檸檬進行調配的茶品。相傳是英國格雷伯爵的最愛，此款茶品以紅茶水溫（90 ～ 95℃）沖泡卽可。

錫蘭紅茶包

錫蘭紅茶亦是斯里蘭卡紅茶，分爲烏瓦紅茶與汀普拉紅茶。烏瓦紅茶單寧含量高，適合沖泡成奶茶；汀普拉紅茶適合沖泡冰紅茶飲用。製作成茶包方便攜帶及使用。

鐵觀音茶

味香形美，猶如「觀音」，相傳爲鐵觀音命名由來。茶葉外觀成球型或半球型，茶湯沖泡呈現琥珀色，香氣濃郁厚重，爲部分發酵茶，台北市木柵區爲主要產地。

花草茶

乾燥蝶豆花

蝶豆花是近幾年風行於飲料市場的花草茶飲品材料，來自拉丁美洲，紫色的來源是富含天然色素的花青素，遇到酸性的食材立即由藍色轉紫紅色，在東南亞飲食運用相當廣泛，沖泡時以 90 ～ 95℃的水溫進行沖泡。

薄荷

薄荷的香氣給人清涼有勁的感覺，更有提神醒腦的效果；飲品中以新鮮薄荷葉與薄荷枝拿來應用在裝飾點綴綠意，添加於飲品可提供薄荷獨特香氣。

生鮮材料

綠檸檬

台灣地區使用多為綠色果皮的檸檬，酸度強烈味道清新，價格也較黃檸檬低廉。

黃檸檬

黃檸檬國外使用較為頻繁，多用於烹調料理使用，香氣味道濃郁豐厚，可以依據特性搭配飲品中使用。

葡萄柚

香氣濃郁，可以幫助減重增加飽足感，壓製成果汁運用在飲品製作中相當廣泛，注意避免與藥物合併服用。

金桔

綠色果皮果形小巧，香氣特殊，經常與檸檬搭配使用製成，金桔檸檬等相關飲品。

柳橙

又稱為甜橙，調製飲料常用水果之一，可以用來榨成柳橙汁單獨飲用，亦可與其他材料調配成飲品，酸甜的味道與橙色的外觀是特色，也經常使用於飲品裝飾物製作。

草莓

台灣地區為 12 月開始盛產至隔年 3 月，非產季時多為進口草莓，可選擇外型完整顏色均勻的草莓，食用前連同蒂頭整顆以大量流動清水漂洗瀝乾即可。

香蕉

台灣香蕉享譽國際，口感扎實香 Q 好吃，營養價值高，更含豐富礦物質鉀，保存於室溫陰涼處即可。

奇異果

又稱為獼猴桃，綠色果肉較微酸，金黃色果肉較為香甜，以營養價值來說綠色奇異果較為豐富，在飲品的呈現以綠色奇異果為主。

糖 類

白砂糖

書中寫到的白砂糖為一般市售糖包與特砂糖、細砂糖，已去除雜質純度高，用途廣泛，可以用在各式飲品製作中的甜味來源，亦是本書自製品中的材料之一。

黑糖

外觀為咖啡色粉末狀，含豐富鐵、鈣等礦物質，女性飲用相關飲品可補充鐵質與補血，更有比白砂糖濃郁的黑糖香氣。

二砂糖

外觀顏色微黃褐色，顆粒較粗，相較於白砂糖保留較多營養素，聞起來有甘蔗蜜糖香味，製作成糖水可與白砂糖區隔，增加顏色的效果。

蜂蜜

蜜蜂採集花類植物花蜜而得來，可以當成甜味來源，而特有的蜜香也能帶來專屬蜂蜜的味道。

酒 類

伏特加

英文為 Vodka，由玉米、小麥等穀物所蒸餾得來的酒，不需儲存與熟成，顏色無色且無味，因為口感清爽易於搭配，經常拿來做雞尾酒調配使用。

琴酒

英文為 Gin，琴酒有雞尾酒心臟之稱，透明的酒體不需熟成，杜松子的氣味鮮明，廣泛運用在各式雞尾酒調製。

龍舌蘭

英文為 Tequila，又稱特吉拉酒，這款蒸餾酒必須為墨西哥特吉拉鎮所產的藍色品種龍舌蘭所釀製，大致可分三大類：白色龍舌蘭無色無經橡木桶熟成，味道辛辣；金色特吉拉於橡木桶中儲存約 2 個月至 1 年左右，成琥珀色、口感溫和；陳年特吉拉於橡木桶熟成 1 年以上，口味柔和順口。

白蘭地

英文為 Brandy，葡萄酒蒸餾後再放入橡木桶中熟成而來，原為透明無色，酒色因橡木桶存放而呈現琥珀色，也因此變得高雅。

威士忌

英文為 Whiskey/Whisky，以玉米、小麥、裸麥等穀物經由釀造蒸餾後，再儲存至橡木桶中使酒變成琥珀色，儲存愈久則酒愈香醇，各國威士忌也各自具備不同風味。

蘭姆酒

英文為 Rum，蘭姆酒為蒸餾酒，依色澤深淺大致可分成白色蘭姆、金色蘭姆酒與深色蘭姆酒。白色萊姆酒無透明無色，味道較為輕柔；深色蘭姆酒經橡木桶 3 年熟成，味道濃厚香醇；本書使用白色蘭姆酒與深色蘭姆酒為主。

其他

無色汽水

含糖與食用香料，無色透明的碳酸飲料，能稀釋飲品與增加二氧化碳氣泡的口感，飲用時有清涼暢快感，市面上選擇多樣化，容易採購。

無糖氣泡水

透明無色無味、無甜味無熱量，富含二氧化碳，市售有天然氣泡礦泉水與人工氣泡水，亦可以使用氣泡水機自製或是購買市售商品。

可爾必思濃縮液

營業用濃縮版可爾必思，為乳酸菌發酵飲料，可以加水稀釋後單獨成為可爾必思飲品，或是搭配各種果汁氣泡水；可於食品材料行購得。

堅果

堅果來自植物的果實，是天然的護心食物，成人一天攝取量為每天一小把，提供天然的油脂來源。本書中使用到的堅果有杏仁角與綜合堅果，可以在材料行中購得。

香草冰淇淋

市售香草冰淇淋為最容易買到的口味，運用在飲品上可以製作冰淇淋溶化的效果。書中的迷霧森林冰咖啡、冰淇淋紅茶皆用到。選購時可以選擇自己喜歡的品牌。

常用調飲基底

〜 義式濃縮咖啡

保存方式
現煮現用

完成容量
義式咖啡豆 7g（濃縮咖啡 30ml）
義式咖啡豆 14g（濃縮咖啡 60ml）

材料
義式咖啡豆 7g
義式咖啡豆 14g

作法

1 磨粉：開啟磨豆機開關，磨出需要量的咖啡粉後關機。
2 填粉：取咖啡機上方的咖啡手把，將咖啡粉填滿。
3 壓粉：在填壓墊轉角處，以填壓器適度壓咖啡粉。
4 沖煮頭放水，扣上把手。
5 放上裝取濃縮咖啡杯子，萃取咖啡：單孔 7g 按 30ml 鈕／雙孔 14g 按 60ml 鈕。

TIPS

🗇 注意把手是否扣緊。

🗇 填壓咖啡粉勿過多，避免把手脫落。

🗇 義式咖啡機又稱蒸氣咖啡機，開機後大約需 30 分鐘暖機。

⸺ 冷 奶 泡

保存方式
現打現用

完成容量
200ml

材料
鮮奶 200ml

作法
1 鮮奶放入奶泡壺。
2 抽拉奶泡壺拉把 15 ～ 20 下，製作冰奶泡，靜置備用。

2-1

2-2

TIPS 🗌 打奶泡時，奶泡壺下方可以放置裝好冰塊與冰水的鋼盆，抽拉奶泡較容易完成。

⸺ 熱 奶 泡
手 動 奶 泡 壺

保存方式
現打現用

完成容量
200ml

材料
鮮奶 200ml

作法
1 鮮奶以微波加熱或隔水加熱至 60℃左右。
2 加熱後的鮮奶倒入奶泡壺。
3 奶泡壺的把手上下抽拉至杯口邊緣冒出微微奶泡，表示熱奶泡製作完成。

⸺ 熱 奶 泡
咖 啡 機 製 作 奶 泡

保存方式
現打現用

完成容量
200ml

材料
鮮奶 200ml

作法
1 排放蒸氣管水分，打發奶泡，蒸氣管放入鋼杯內。
2 蒸牛奶及奶泡至 60℃。
3 先擦淨蒸氣管，再排放蒸氣，使用咖啡機專用溼抹布清潔噴頭。

1

2

3

1
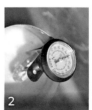
2

3

TIPS
🗌 鮮奶不宜加熱溫度太高，以免蛋白質改變。
🗌 適合打發鮮奶的溫度為 55 ～ 66℃。
🗌 亦可使用輕便型的手持式電動奶泡攪拌棒打發熱奶泡。
🗌 每一台咖啡機蒸氣大小不同，可於排放蒸氣時了解蒸氣大小，再開始打發。

〜 奶 蓋

保存方式
現做現用

完成容量
60ml

材料
無糖鮮奶油 60ml
鹽 1g
冰塊適量

作法
1 無糖鮮奶油倒入搖酒器中。
2 撒入鹽,加入六分滿冰塊。
3 蓋上隔冰器後,再蓋上頂蓋,搖盪至鮮奶油起泡即可。

TIPS

☐ 搖盪後可以靜置 3 分鐘,奶泡較綿密。

☐ 鮮奶油盡量購買液態鮮奶油、口感較佳;固態容易凝固、口感差。

1

2-1

2-2

3-1

3-2

3-3

〜 糖 水

白砂糖水

二砂糖水

保存方式
室溫 1 天、冷藏 7 天

完成容量
糖水 300ml

TIPS

☐ 白砂糖少了甘蔗香,是無色、無蔗香的純淨糖。

☐ 二砂糖保留甘蔗的甜香,適合做甜點使用,用在烹飪食物上,也能有增色效果。

材料
水 120ml
白砂糖(or 二砂糖)200g

作法
1 白砂糖水:水加入鍋中,以大火煮滾。
2 白砂糖(or 二砂糖)倒入鍋中,攪拌均勻。
3 轉中火煮滾,轉小火煮約 5 分鐘,關火,將糖水倒出冷卻備用。

2-1

2-2

3

飲品調製法和技巧

⊃ 直接注入法

定義

經常運用在碳酸氣泡類飲品與果汁類飲品，把調製品的材料直接倒入杯中，再以吧叉匙稍微攪拌。

操作流程

杯內放入冰塊，加入糖水或其他烈酒，再加入碳酸氣泡飲或牛奶、果汁，最後以吧叉匙稍微攪拌至材料融合。比如書中的晴空蘇打、桃色繽紛、聖基亞。

⊃ 搖盪法

定義

常用的搖酒器有三段式搖酒器與波士頓搖酒器。利用搖酒器將蛋、果糖，或是奶類、蜂蜜等不易混合的材料，與冰塊充分搖盪後均勻的一種方式，可以急速冰鎮，也能產生泡沫，調和飲料的口感。使用時請勿添加碳酸氣泡材料，以免液體經過劇烈搖盪造成氣爆。書中有用到搖盪法為葡萄柚綠茶、沐夏、楊貴妃。

操作流程

❶ 三段式搖酒器

三段式搖酒器有三個結構：頂蓋、隔冰器與搖酒杯。將冰塊放入搖酒杯，再將材料依序倒入搖酒杯，蓋上隔冰器後再蓋上頂蓋，以大拇指扣緊頂蓋，其他手指順勢包

住杯身，另一隻手扶緊鋼杯後進行上下搖盪至鋼杯起霜。

❷ 波士頓搖酒器

波士頓搖酒器有兩個結構：玻璃刻度杯與不銹鋼鋼杯。將冰塊放入波士頓搖酒器的不銹鋼杯，材料的部分依序倒入玻璃刻度杯內，再將玻璃刻度杯內的材料倒入不銹鋼杯，把玻璃刻度杯倒扣，以手掌拍打杯底壓緊使兩者緊密，右手緊握玻璃刻度杯，左手緊握不銹鋼杯，將飲料上下搖盪均勻。

⤙ 電 動 攪 拌 機 法

定義
使用果汁機或冰沙機將材料與冰塊混合均勻，是調製果汁系列、霜凍、冰沙等系列飲料經常使用的方法。注意避免機器空轉，冰塊必須最後放入為宜。

操作流程
將材料依序加入電動攪拌機上座，放入冰塊後蓋好上座蓋子，先以分段的方式啟動電動攪拌機開關，再以慢速攪打後切換至高速將材料與冰塊打碎均勻。比如書中的甜蜜木瓜牛奶、芋頭鮮奶、夏日忙西瓜、芒果起司芝芝。

⤙ 攪 拌 法

定義
使用調酒攪拌杯將容易混合的材料與冰塊以吧叉匙拌勻，再以隔冰器將飲料濾出後倒入冰杯完成的成品杯。

操作流程
將冰塊放入杯中進行冰杯，飲料完成時將冰塊倒出，接著倒入新的冰塊於調酒攪拌杯至五分滿，再加入其他材料，以吧叉匙進行攪拌，並使用隔冰器扣在刻度杯口，將飲料倒入已冰杯完成的成品杯。比如書中的突發奇想。

⤙ 注 入 法

定義
注入法運用於材料較容易混合，將材料直接倒入杯中，不再進行攪拌的方式，完成的飲品多為無層次呈現。

操作流程
將冰塊放入杯中，接著將其他材料直接倒入杯中。比如書中的米苔目酸梅湯、熱檸可樂。

分層法

定義
利用兩種以上材料比重不同的特性，呈現層次分明的視覺效果，又稱為漸層法。

操作流程
首先將第一種材料倒入杯中，第二種材料利用吧叉匙貼緊杯子內側，將材料輕輕的倒於吧叉匙上方，利用液體的附著力使材料滑入杯內。比如書中的雙重誘惑。

漂浮法

定義
運用吧叉匙將材料漂浮在飲品的最上層，製造層次效果，通常使用漂浮法前會搭配另一種調製法，比如書中的直接注入法，再進行漂浮法。

操作流程
將冰塊放入杯中，接著將其他材料直接倒入杯中，先以直接注入法進行調製，再將需呈現漂浮效果的材料，利用吧叉匙貼緊杯內側慢慢滑入杯中。比如書中的抹茶冰拿鐵、越南冰咖啡。

壓榨法

定義
非液體材料放入杯中，以搗棒將材料擠壓與搗碎，例如：薄荷、方糖、萊姆、檸檬、薑等，使材料透過壓榨方式散發材料香氣，再將其餘材料進行調配，並搭配其他調製法完成飲品。

操作流程
將新鮮萊姆、方糖與薄荷葉放入杯中，以搗棒在杯中進行擠壓搗碎，再加入冰塊，並倒入其餘液體材料後，以直接注入法完成。比如書中的檸愛莫西多 Just Love、港式凍檸茶。

溫杯與冰杯操作

⌒ 溫杯法 ·······················

溫杯重要目的是可以清除茶具異味、水味的作用,並提高杯子的溫度,激發飲品香氣。杯子倒入熱水至八分滿約 1 分鐘,將熱水倒掉即完成溫杯。

⌒ 冰杯法 ·······················

調製一杯好喝的雞尾酒就是讓杯子的溫度和飲用雞尾酒所需的溫度相合,使用冰杯主要目的是使雞尾酒保持乾爽和低溫,防止因爲酒水回溫而導致口感流失。

作法

1 杯子可以先進行冰杯,即將杯子放入杯塊與水至八分滿進行冰杯。
2 用吧叉匙攪拌三下,放置約 1 分鐘,將杯內冰塊與水倒掉即完成冰杯。

1-1　　1-2　　2-1　　2-2

認識調酒長飲和短飲

⌒ 長飲型 ·······················

長飲通常是裝在比較大容量的杯子,例如:高飛球杯、可林杯,加入許多副材料(汽水、果汁等),也會加入較多的冰塊,飲用時間較長,大約 15 ～ 30 分鐘。書中的桃色繽紛即是一款伏特加長飲型水果調酒。

⌒ 短飲型 ·······················

短飲則是裝在馬丁尼杯、雞尾酒杯、高腳杯,建議快速飲用,因飲品溫度很快回溫,將影響層次變化,飲用時間大約 10 分鐘左右。書中的側車即是一款白蘭地爲基酒的短飲酒。

調飲創業停看聽

創業初衷和經營理念

我認為創業除了夢想也要有理想，雖然賺錢必然是重要的，但如果透過一個事業，讓顧客和員工從中感到幸福、生活開心，將是一件很有意義的事！

過去在創業期間，大家最感興趣的是：會賺多少錢？有賺到錢嗎？而很少問：您的事業意義是什麼？您的理想是什麼？有什麼夢想呢？如果創業沒有一個理念，只要可以賺錢的，什麼都可以做，那有什麼意思？

所以我認為創業必須有初衷以及經營理念，通常想創業的人一開始都很有理想，喜歡調飲料的人希望客人喝到好喝的飲品；喜歡烹調的廚師，就想做好吃的料理給客人，這個「初衷」往往在不知不覺中被遺忘了。有些人賺錢之後，就想賺更多錢，一心想擴大公司的規模，資金不夠就開始找錢、找人投資。當初靠著堅忍不拔的毅力創立起來的事業，完全忘了自己的初衷，非常可惜！

連鎖加盟和獨立創業優缺點

大家都有創業的夢想，除了獨立創業，連鎖加盟也是一項不錯的選擇，因為加盟提供的服務較多，獨立創業將因為個人經驗不足，資源較少的狀況，風險也會因此較高；而加盟創業有較多經驗，可以降低風險，各自都有優缺點，到底是加盟創業好，還是獨立創業好呢？

獨立創業 VS 連創加盟		
項目	獨立創業	連鎖加盟
優點	彈性較大、發揮自我特色。營運、行銷可以自己決定、成本較好掌握。	資源較多、現學現賣、入行門檻低、品牌穩定高。
缺點	自己摸索，投資成本不好估計，品牌曝光度較低。	成本較高，經營、行銷、進貨管道等限制較多，進貨、裝潢成本高。

就是一級戰區，和這些互相競爭，每個品牌都有固定客群，很難吸引他們的客人。為了客群擴大，一定少不了外送服務，店家可以服務較遠較不可能來消費的客群，雖然競爭對手也同時變多，但是如果外送客人足夠且穩定需求，對營業額也有更大幫助。

好的地點相對租金也會比較高，但是租金貴不一定是好地點！租金絕對能影響賺錢，有時候客人多但租金貴，獲利都被租金吃掉了，通常建議創業時可以抓預估營業額的 10%，這樣才不會白白工作。

經營須知

掌握開店創業流程，先做好標準作業流程，可以少走冤枉路，省下更多時間和金錢。一般開店流程必須事想好如下：

① 開什麼類型的店？

② 目標客群是哪些？

③ 售價的範圍？

④ 預計在哪裡開店？

⑤ 何時開店？

決定這些後，進一步了解經營相關法規，除了向政府申請營利登記證外，飲料店還需到工會申請會員等，研究經營法規的同時，評估過後覺得符合條件，先別急著簽約承租，可以和房東商討裝潢免租金期，避免在開店準備期間支付租金，還沒開始賺錢就要承擔房租壓力。有了實體店面，即可開始分配、規劃店內空間，發揮各空間的使用價值，擺放適合的營運設備。

加盟金和權利金

加盟金是開店前的費用，通常付一次就好，權利金是品牌商標及商譽的費用，只要您使用就得付費，某些品牌則會再收取「保證金」，避免加盟者進行到一半反悔。加盟創業投入資金時，雙方必須簽訂合約，有些觀念和注意事項，一定要先了解，以免簽約後才後悔。

地點挑選

對初次創業加盟者，除了慎選品牌，最重要是選擇開店地點。找店面不一定只找人潮多的地方，還要注意消費者的族群。調查該市場族群有哪些，想想他們會走進店裡消費嗎？舉例來說學校附近，如果是國高中生較多，必須注意他們能不能出校門消費？盡量找出目標客群愈多愈好，但是通常好的地方也會充滿競爭，所以必須客觀的評估該市場的競爭實力。

進一步必須了解一個地點的競爭強度，可以看看周邊同業數量，如果出現 3～4 間，該地區

Chapter *2*

網美
熱推飲

拍照上傳、打卡，透過網路的點擊，
飲料的視覺吸睛度已經改變這杯飲料的價值，
讓職人教大家做繽紛又好喝的飲品吧！

彩虹飲品不僅消暑，
而且繽紛色彩也很療癒。
將季節水果用果汁機打成果泥，
搭配無糖優格，加些蜂蜜增加甜味，
一層一層堆疊於杯中，
最後搭配綜合堅果增加口感。

飲品示範｜陳韋成

彩虹繽紛優格飲

材料 Ingredients

火龍果	60g
黃奇異果	35g
綠奇異果	35g
香蕉	150g
無糖優格	6大匙
蜂蜜	10ml
綜合堅果	5g
燕麥	10g
果乾	5g

作法 Step by Step

1 將全部水果切小塊備用。

2 火龍果放入果汁機攪打均勻，若水果未冰可加入少許冰塊。

3 黃奇異果與綠奇異果放入果汁機攪打均勻，若水果未冷藏，可加入少許冰塊。

4 香蕉、優格和蜂蜜放入果汁機攪打均勻。

5 將綜合堅果使用圓湯匙稍微壓碎，保留顆粒增加口感。

6 做出分層效果，先將奇異果泥放入杯子底層，再加入香蕉果泥，接著加入火龍果泥。

7 最後鋪上燕麥、果乾和綜合堅果即可。

TIPS

◻ 製作每一層時，可以加入少許冰塊隔開，較好分層。

◻ 奇異果又稱為獼猴桃，綠色果肉較微酸，金黃色果肉較為香甜，同時運用兩種奇異果，可以讓飲品味道更協調與多層次口感。

6-1 6-2 6-3 7

飲品示範｜陳韋成

草莓戀人
拿鐵

嬌豔欲滴的草莓拿來熬製成果醬，
最能網住男女老幼的心，
更何況是製作成粉嫩色系的草莓鮮奶，
搭配草莓切片與冷奶泡，
令人沉溺在戀愛的粉紅泡泡裡。

材 ～ 料 Ingredients

草莓	1顆
草莓醬	30ml
鮮奶	200ml
冰塊	適量
義式濃縮咖啡	30ml ≫ P.18
冷奶泡	5大匙 ≫ P.19

草莓醬

材料

草莓 250g
冰糖 10g
水 30ml

作法

1 草莓切片後放入鍋中，加入冰糖、水。

2 轉中火煮到軟化冒泡，關火後待冷卻即可。

作 ～ 法 Step by Step

1 草莓切片後沿著玻璃杯內壁裝飾，加入五分滿冰塊。

2 將冷卻的草莓醬舀入杯中，可以沿著杯內壁留一些紋路。

3 再加入冰塊至八分滿，接著倒入鮮奶。

4 最後將濃縮咖啡沿著吧叉匙慢慢倒入杯中。

5 取 5 大匙冷奶泡至杯中即可。

TIPS

- 草莓醬可提早製作，放涼後冷藏備用。
- 盡量選擇杯內壁比較平整的杯子，草莓較好浮貼，而且倒入鮮奶時草莓不易移位。

芒果抹茶拿鐵

季節盛產的水果有天然的甜味，但相對甜味較高，
將飲品拌勻後芒果甜味將變淡，抹茶味就會凸顯出來，
如果加上新鮮果肉，味道及口感更佳。

材 — 料 Ingredients

抹茶粉	5g
熱水	150ml
（溫度90～95℃）	
芒果	50g
鮮奶	200ml
糖水	30ml
✂ P.20（兩種糖水皆可）	
冰塊	適量

作 — 法 Step by Step

1 抹茶粉裝入公杯，再沖入熱水攪拌均勻，冷卻備用。

2 使用搗棒將芒果搗碎後倒入杯中，加入冰塊至五分滿。

3 接著加入鮮奶與糖水，稍微攪拌。

4 將冷卻的抹茶液體沿著吧叉匙慢慢倒入杯中，產生分層即可。

TIPS

☐ 芒果是屬於季節性水果，
若遇到非產季，可以用芒
果果泥代替。

☐ 糖水量可增加，但不建議
減少，因為糖分不足將影
響分層效果。

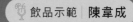
飲品示範｜陳韋成

綠拿鐵

酪梨是含高量脂肪的水果，
但所含的脂肪是單元不飽和脂肪、
Omega3必需脂肪酸，對人體有益處，
濃醇滑順質地總是讓人一喝就上癮。

材一料 Ingredients

酪梨	150g
煉乳	15ml
豆漿	200ml
白砂糖	5g
冰塊	5顆
馬鞭草	1小枝

作一法 Step by Step

1 酪梨切小塊。

2 將酪梨、煉乳、豆漿、白砂糖和冰塊
放入果汁機，攪打均勻。

3 再倒入杯中，放上馬鞭草裝飾即可。

TIPS

不喜歡吃甜者，可省略煉
乳或是加2g白砂糖即可。

百香
椰果珍珠

炎熱的七至九月是百香果的盛產期，如此熱情的夏季水果，

太陽般亮麗的鮮黃色帶微酸的口感，

喝起來有點孤單，若加些粉圓與椰果，

將讓夏天充滿甜蜜又熱情。

材 — 料 Ingredients

粉圓	100g
椰果	100g
綠茶葉	10g
熱水	300ml
（溫度85～90℃）	
百香果肉	20g
糖水	30ml ⊱ P.20
（兩種糖水皆可）	
冰塊	適量

TIPS

◻ 製作前可以先將綠茶沖泡完成，這樣在製作中茶湯的溫度才不會太高。

◻ 茶葉沖泡時間約 3～5 分鐘，香氣濃郁；茶包時間約 1～3 分鐘，沖泡速度較短，香氣也比茶葉淡一些。

作 — 法 Step by Step

1 粉圓和椰果倒入杯中。

2 綠茶葉沖泡熱水 3 分鐘，使用濾茶器將茶湯倒入搖酒器，冷卻備用。

3 將百香果肉、糖水、八分滿冰塊加入作法 2 搖酒器，搖盪均勻。

4 再倒入裝粉圓、椰果的杯中即可。

粉圓

材料

粉圓 200g
水 2000ml
冰水 500ml

作法

1 水倒入鍋中，以中大火煮滾。

2 放入粉圓，蓋上鍋蓋後轉小火煮約 15 分鐘，關火並上蓋悶約 20 分鐘，掀蓋看看。

3 再蓋回鍋蓋，繼續以小火煮約 15 分鐘，關火並上蓋悶 10 分鐘，確認粉圓外觀中心小白點不明顯、呈現琥珀透明色則表示煮熟。

4 準備一鍋冰水，將煮好的粉圓瀝出過一下冰水，這樣粉圓才會 Q 彈。

紫色風暴 蝶豆花氣泡飲

前幾年飲料市場掀起一陣紫色風暴，正是蝶豆花所調製而成的各種飲料。獨特鮮明的藍色富含花青素，一旦遇到酸即改變PH值，液體顏色馬上轉變成紫色。

材 — 料 Ingredients

乾燥蝶豆花	20朵
熱水	150ml（溫度90～95℃）
蜂蜜	30ml
綠檸檬汁	30ml
冰塊	適量
綠檸檬片	1片
百里香	1小枝

飲品示範｜陳韋成

作 — 法 Step by Step

1 蝶豆花以熱水沖泡出顏色，濾出冷卻備用。

2 蜂蜜與綠檸檬汁在杯底攪拌均勻

3 加入八分滿冰塊，再倒入冷卻的蝶豆花茶。

4 使用綠檸檬片、百里香裝飾即可。

TIPS

▢ 如果想要紫色深一點，可以增加蝶豆花使用量，亦可將綠檸檬汁加量調整酸度。

▢ 蜂蜜與綠檸檬汁拌勻後比重較重，可以讓蝶豆花茶的紫色漂浮於上部，而中間隔著冰塊能製造檸檬與蝶豆花分層的顏色變化。

美麗多多藍莓

優格加水果搖一搖風味獨特，飲用更方便。
藍莓搭配原味優格，
可以喝到藍莓果粒，而口感清爽不甜膩，
輕鬆享受健康無負擔的美味。

材料 Ingredients

藍莓	125g
煉乳	15ml
無糖優格	100g
白砂糖	5g
冰塊	5顆
藍莓	3顆
薄荷葉	1小枝

作法 Step by Step

1 藍莓、煉乳、優格、白砂糖和冰塊放入果汁機，攪打均勻。

2 再倒入杯中，以3顆藍莓、薄荷葉裝飾即可。

TIPS

☐ 喜歡顆粒口感，則可縮短果汁機攪打時間，風味將不一樣。

 飲品示範 ｜ 陳韋成

夢幻雲朵冰沙

無論雨天還是陰天、颱風天，天空若沒有藍天，
我們想要什麼顏色的天空？就決定什麼顏色。
喝上一口冰沙，在杯子裡也能看見藍天白雲的美好！

 飲品示範 | 余姍青

TIPS

▢ 製作打發鮮奶油：將無糖鮮奶油 200g、白砂糖 20g 放入鋼盆，以電動
打蛋器打發至硬挺，再裝入擠花袋，每杯雲朵需要打發鮮奶油 60g。

▢ 蝶豆花放入熱鮮奶，較容易釋出顏色。

▢ 白色雲朵可以換成較為清爽的希臘優格或是打軟的奶油起司。

▢ 藍色天空能換成不同顏色的水果，將有不一樣的呈現，比如綠色奇異
果、紅色火龍果等。

材 — 料 Ingredients

乾燥蝶豆花 ———————— 10 朵
熱鮮奶 ———— 120ml（60℃）
糖水 ———————— 30ml ⊱ P.20
　　　　　　（兩種糖水皆可）
冰塊 ———————————— 適量
打發鮮奶油 ——————— 60g
泡沫鮮奶油 ——————— 適量
食用糖珠 ———————— 適量
餅乾 ———————————— 適量
綜合水果片 ——————— 適量

作 — 法 Step by Step

1 藍色天空：將蝶豆花泡入熱鮮奶，拌勻呈現淺藍色，濾除蝶豆花，再倒入果汁機。

2 接著加入糖水、杯子八分滿冰塊，一起攪打均勻即是冰沙。

3 在杯子內壁擠上打發的鮮奶油成為雲朵。

4 再倒入淺藍冰沙至八分滿，上層擠泡沫鮮奶油，裝飾喜歡的糖珠、餅乾和水果片即可。

黃色雲朵冰沙 & 粉紅雲朵冰沙

材料

A 黃色天空：愛文芒果 100g、鮮奶 100ml、糖水（兩種糖水皆可）30ml ⊱ P.20、冰塊適量、打發鮮奶油 60g

B 粉紅色天空：草莓醬 100g、鮮奶 120ml、冰塊適量、打發鮮奶油 60g

C 裝飾：泡沫鮮奶油、食用糖珠、餅乾各適量

作法

1 黃色天空：芒果切小塊後倒入果汁機，再加入鮮奶、糖水、杯子八分滿冰塊，一起攪打均勻。

2 在杯子內壁擠上打發的鮮奶油成為雲朵，再倒入黃色冰沙，上層擠泡沫鮮奶油，裝飾喜歡的糖珠與餅乾即可。

3 粉紅色天空：草莓醬、杯子八分滿冰塊倒入果汁機，一起攪打均勻。

4 在杯子內壁擠上打發的鮮奶油成為雲朵，再倒入粉紅色冰沙，上層擠泡沫鮮奶油，裝飾喜歡的糖珠與餅乾即可。

雙重誘惑

雙重分層不僅美麗也健康，調飲過程中只添加香蕉與火龍果，完全襯托出水果原始的酸與甜。
忙碌的生活中，隨時可以為自己和家人補充豐富的鈣和維生素 C，一起來試試看吧！

材—料 Ingredients

香蕉	70g
火龍果	110g
鮮奶	200ml
蜂蜜	10ml
冰塊	15顆
香蕉片	3片

TIPS

- 分層可以使用吧叉匙輔助緩慢倒入冰沙。
- 香蕉挑選較成熟最適當，其果香味較完整。

作—法 Step by Step

1 將香蕉、火龍果切小塊備用。

2 香蕉、100ml 鮮奶、蜂蜜和 5 顆冰塊放入果汁機，攪打均勻成白色冰沙。

3 火龍果、100ml 鮮奶和 5 顆冰塊放入果汁機，攪打均勻成粉紅色冰沙。

4 將白色冰沙倒入杯中，加入 5 顆冰塊，再倒入粉紅色冰沙，製作分層。

5 裝飾 3 片香蕉片即可。

飲品示範｜陳韋成

綠色奇蹟

苦、酸、甜三種味道調和起來,變成一款味道獨特的飲料,
而且苦瓜本身的青味, 使飲品更清涼退火,
喝下這杯飲品,油膩都被趕走,有種清涼舒服的感覺。

材—料 Ingredients

西洋芹	2g
帶皮蘋果	30g
山苦瓜（去籽）	10g
鳳梨	200g
蜂蜜	30ml
冷開水	100ml
冰塊	5顆

TIPS

🧊 蘋果不去皮,西洋芹必須去除粗絲。

🧊 山苦瓜去籽及內部白囊,能減少苦味。

🍸 飲品示範｜陳韋成

作—法 Step by Step

1 西洋芹、蘋果、山苦瓜、鳳梨切小塊備用。
2 所有材料放入果汁機,攪打均勻,再倒入杯中即可。

奶蓋桂圓紅棗茶

甜甜的桂圓紅棗搭上微鹹的奶蓋，宛若少女心情般瞬息萬變。
桂圓紅棗是養顏美容的好食材，讓氣色容光煥發，
搭配細膩滑順奶蓋，喝起來順口又幸福！

材一料 Ingredients

桂圓	30g
紅棗	5顆
白砂糖	20g
熱水	150ml
冰塊	適量
奶蓋	60ml ≈ P.20
抹茶粉	1g

作一法 Step by Step

1 桂圓、紅棗、白砂糖和熱水倒
　入鍋中。

2 以中火煮到顏色變深色茶湯，
　關火後冷卻。

3 冰塊加入杯中至九分滿，倒入
　深色茶湯。

4 將奶蓋倒於茶湯上方分層，撒
　上抹茶粉裝飾即可。

TIPS

🧊 可以將紅棗對切後去除中間的籽。

🧊 桂圓紅棗茶可提早煮好，冷卻備用。

🍹 飲品示範│陳韋成

蘋果肉桂茶

甜蜜多汁的蘋果搭配重口味的肉桂香氣，形成完美結合，爲這款茶帶來水果與香料味，是一款深受肉桂控歡迎的香濃飲品，爲心情帶來更多美好！

TIPS

如果想喝熱飲，則不需加入冰塊搖盪，可直接飲用。

飲品示範｜陳韋成

材料 Ingredients

帶皮蘋果	130g
阿薩姆紅茶葉	10g
熱水	400ml
（溫度90～95℃）	
黑糖	30g
肉桂塊	15g
冰塊	適量

作法 Step by Step

1 帶皮蘋果切片備用。

2 阿薩姆紅茶葉與熱水放入鍋中，以小火煮約3分鐘，濾出茶葉。

3 再加入黑糖、肉桂塊、蘋果片，以中火煮3～5分鐘至蘋果軟化。

4 將茶湯濾好後倒入搖酒器中，冷卻備用。

5 搖酒器加入八分滿冰塊，搖盪均勻後倒入杯中，取鍋內蘋果片裝飾即可。

搖滾啵啵
奶茶

錫蘭奶茶濃郁的香味和韻味,
加上不同口感的葡萄啵啵和粉圓在嘴裡跳動,
每一口都充滿驚喜。

飲品示範│陳韋成

44

材 ⌒ 料 Ingredients

錫蘭紅茶包 ── 3包（每包2g）

熱水 ──────── 150ml

（溫度90～95℃）

葡萄啵啵 ──────── 50g

粉圓 ──────── 50g ⋙ P.35

冰塊 ──────── 適量

鮮奶 ──────── 120ml

糖水 ──────── 30ml ⋙ P.20

（兩種糖水皆可）

TIPS

🍶 葡萄啵啵可提早製作備用。

🍶 紅茶包味道不澀，與這道飲品搭配較為適合。

作 ⌒ 法 Step by Step

1　錫蘭紅茶包沖泡熱水2分鐘，取出茶包後冷卻備用。

2　葡萄啵啵、粉圓倒入杯中備用。

3　錫蘭紅茶倒入搖酒器，加入八分滿冰塊。

4　再加入鮮奶、糖水，搖盪均勻。

5　將搖好的奶茶倒入作法2杯中即可。

葡 萄 啵 啵

材料

葡萄汁 300ml
吉利丁粉 5g

作法

1　葡萄汁和吉利丁粉攪拌均勻，以中火煮滾後關火，過濾。

2　再倒入粉圓尺寸的容器，冷卻。

3　接著放入冰箱冷藏至凝固，取出脫模即可。

柚香咖啡

帶點美美的漸層感
咖啡的苦味和柚子醬的甜味，
混合後滋味挺有趣。
濃郁的柚子清香，一口滿足味蕾，
能完美襯托出黃金柚的獨特酸甜
和蜂蜜甜香。

材料 Ingredients

即溶咖啡粉	2.5g
熱水	150ml（90～95℃）
柚子醬	50ml
冷水	100ml
冰塊	適量
葡萄柚果乾	1片

作法 Step by Step

1 即溶咖啡粉以熱水沖勻，冷卻備用。

2 將柚子醬倒入杯中，再倒入冷水，稍微攪拌。

3 接著加入冰塊至五分滿，再將咖啡分層倒入。

4 放入葡萄柚果乾裝飾即可。

TIPS

🧊 柚子醬不需完全攪開，風味可以更持久。

🧊 可使用柚子醬的果皮放置上方，能增加飲用時間。

🍸 飲品示範｜陳韋成

星空

這道飲品藍白漸層如星空，做起來一點都不難，
早上起床調製後搭配餐點擺上桌，非常營養又吸睛，
其營養成分不僅可顧眼睛，對細嫩肌膚預防皺紋也有幫助。

飲品示範｜陳韋成

材　料 Ingredients

乾燥蝶豆花	20朵
熱水	150ml（90～95℃）
草莓	60g
鮮奶	250ml
草莓醬	30ml ➤ 見P.31
冰塊	適量

作　法 Step by Step

1　蝶豆花倒入耐熱玻璃壺，加入熱水均勻攪拌沖泡，冷卻備用。

2　草莓切丁後放入杯中。

3　將鮮奶、草莓醬倒入杯中，再倒入冰塊至五分滿、稍微攪拌。

4　接著將蝶豆花水倒入杯中，製作分層即可。

TIPS

☐ 製作分層時可以使用吧叉匙輔助。

☐ 草莓醬也可換成等量市售玫瑰糖漿。

黑蜜鴛鴦

黑蜜鴛鴦是從鴛鴦咖啡演變而來，
是受大眾歡迎的咖啡飲品之一，
大部分飲料店都可以找到它的蹤影，
而且容易操作，加入黑糖蜜能帶來香濃鮮甜味。

飲品示範｜陳韋成

材 — 料 Ingredients

阿薩姆紅茶葉	10g
熱水	150ml（溫度90～95℃）
冰塊	適量
鮮奶	120ml
黑糖蜜	30ml
黑糖粉	10g
義式濃縮咖啡	60ml ✕ P.18

作 — 法 Step by Step

1 阿薩姆紅茶葉沖泡熱水3分鐘，使用濾茶器將茶湯倒入搖酒器，冷卻備用。

2 加入八分滿冰塊、鮮奶，搖盪均勻備用。

3 黑糖蜜沿著杯內壁擠入形成不規則紋路，倒入濃縮咖啡，放入冰塊至八分滿。

4 將搖好的奶茶倒入杯中分層，撒上黑糖粉即可。

TIPS

🞑 做分層時可以使用吧叉匙輔助。

🞑 黑糖蜜在杯身內壁，增加視覺與層次感。

🞑 如果沒有義式濃縮咖啡，可以購買市售黑咖啡。

🞑 鮮奶、茶湯和咖啡可依照個人喜歡的風味比例調整。

韓國有一款兼具顏值與美味的 400 次咖啡在網路爆紅，
製作方式將咖啡攪拌約 400 次，咖啡漸漸從深咖啡色變成焦糖奶茶色調，
質地宛如慕斯、口感滑順讓人大呼驚喜。

飲品示範｜陳韋成

400次咖啡

材—料 Ingredients

即溶咖啡粉	30g
白砂糖	30g
熱水	30ml（溫度90～95℃）
冰塊	10顆
鮮奶	150ml

作—法 Step by Step

1 即溶咖啡粉、白砂糖和熱水放入公杯。

2 使用電動攪拌器均勻攪拌約400次，顏色由深咖啡色變成奶茶色備用。

3 杯中加入約10顆冰塊，再倒入鮮奶。

4 咖啡霜沿著吧叉匙慢慢倒入作法3杯中，形成分層即可。

TIPS

▢ 製作咖啡霜盡量用電動攪拌器，較方便且省力。

▢ 市售即溶咖啡以乾燥法製造取得，常溫保存即可沖泡，可以選擇喜歡的品牌調製，以熱水90～95℃進行沖泡。

琥珀一夏

鮮奶紅茶遇上濃郁黑糖，形成琥珀紋路，
再配上酥脆的焦糖千層餅乾，
濃郁黑糖香氣在唇齒間瀰漫，搭配經典粉圓，
創造多層次飲用口感。

材一料 Ingredients

阿薩姆紅茶葉	10g
熱水	90ml（溫度90～95℃）
鮮奶	150ml
粉圓	50g ⤭ P.35
黑糖蜜	60ml
冰塊	適量
焦糖千層酥餅	1個

作一法 Step by Step

1 阿薩姆紅茶葉沖泡熱水3分鐘，使用濾茶器將茶湯倒入搖酒器，冷卻備用。

2 再加入八分滿冰塊、鮮奶，搖盪均勻。

3 粉圓、黑糖蜜倒入杯中，加入冰塊至八分滿，將奶茶倒入杯中。

4 焦糖千層酥餅放在杯子上方裝飾即可。

TIPS

🧊 倒黑糖蜜至杯中可以沿著杯緣倒入，可以做出琥珀感的裝飾。

🧊 可將焦糖千層酥餅搗成脆片撒在杯子上方。

🍹 飲品示範 | 陳韋成

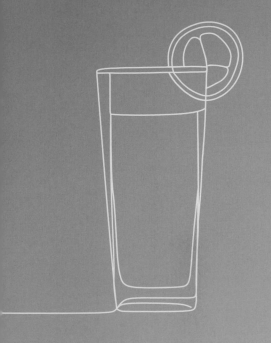

Chapter 3

飲品店
招牌

各家飲品店總會推出幾款必點招牌，
這些飲品成爲吸引消費者再度光臨，
若您學會這些人氣飲料，也有機會做給家人暢飲！

葡萄柚與綠茶製作成飲品，充滿獨特的芬芳。
想喝一杯有新鮮水果風味的飲料，喝這杯肯定首選，
享受綠茶的清新和水果的新鮮，還能咀嚼到果肉的自然口感。

葡萄柚綠茶

🍹 飲品示範｜陳韋成

材 ⌒ 料 Ingredients

綠茶葉	10g
熱水	90ml（溫度85～90℃）
葡萄柚	150g
二砂糖水	30ml ∽ P.20
冰塊	適量
葡萄柚丁	15g

作 ⌒ 法 Step by Step

1 綠茶葉沖泡熱水3分鐘，茶葉濾出後冷卻備用。

2 葡萄柚壓汁備用。

3 將綠茶、葡萄柚汁、八分滿冰塊和糖水倒入搖酒器，搖盪均勻。

4 冷卻的綠茶倒入杯中，放入葡萄柚丁即可。

TIPS

⬭ 葡萄柚丁可以先切好備用。

⬭ 泡茶葉約3～5分鐘，茶味與香氣較足夠。

⬭ 建議使用紅葡萄柚調製飲品，苦味較低、酸甜適中。

奶蓋烏龍茶

飲品示範｜陳韋成

烏龍茶蘊含細膩的茶香，可以讓人喝上一口白鬍子的好玩樂趣，
也能攪拌成烏龍奶茶的味道，奶蓋帶點鹹，喝起來不膩口，
反而還有兩種飲用方式的樂趣。

材　　料 ngredients

凍頂烏龍茶葉	6g
熱水	150ml（溫度 85～90℃）
冰塊	10 顆
糖水	30ml　P.20（兩種糖水皆可）
奶蓋	60ml　P.20

作　　法 tep by Step

1 烏龍茶葉沖泡熱水 3 分鐘，茶葉濾出後
　冷卻備用。

2 冰塊裝入杯中至八分滿，將烏龍茶倒入
　杯中。

3 再加入糖水，輕輕攪拌均勻。

4 將奶蓋倒於杯子上方，形成分層即可。

TIPS

▢ 烏龍茶可依照個人喜愛來挑選品種。

▢ 飲用時可以大口享用，奶蓋與烏龍茶結合，
　風味較佳。

冰淇淋
紅茶

甜香淡雅的經典紅茶搭上醇厚的冰淇淋乳香滋味，
奶香濃郁，同時也帶淡淡的香草味，
入口後清爽又療癒。

材　料 Ingredients

紅茶包 —— 2包（每包2g）
熱水 ——————— 150ml
　　（溫度90～95℃）
冰塊 ——————— 適量
二砂糖水 —— 20ml ⤫ P.20
香草冰淇淋 ————— 1球
綠檸檬 —— 1個（刮皮絲）
薄荷葉 ——————— 1小枝

作　法 Step by Step

1　紅茶包沖泡熱水2分鐘，
　　取出茶包後冷卻備用。
2　冰塊放入杯子至九分滿，
　　再倒入紅茶、糖水，攪拌
　　均勻。
3　冰淇淋扣於紅茶上方。
4　用綠檸檬皮絲、薄荷葉裝
　　飾裝飾即可。

TIPS

☐ 茶可以先泡起來冷卻備用。

☐ 紅茶包味道不澀，與此道飲
　品搭配較為適合。

飲品示範　陳韋成

飲品示範｜陳韋成

梅子綠茶

酸甜的梅子和甘醇的綠茶，兩者混合後酸中帶甜，
這款果香茶韻不僅解渴也清涼退火，非常適合夏天飲用。

材一料 Ingredients

綠茶葉	6g
熱水	150ml
	（溫度85～90℃）
糖水	30ml ⤷ P.20
	（兩種糖水皆可）
話梅	2顆
冰塊	適量

作一法 Step by Step

1 綠茶葉沖泡熱水3分鐘，使用濾茶器將茶湯倒入搖
　酒器，冷卻備用。

2 糖水、話梅、八分滿冰塊加入作法1搖酒器中，搖
　盪均勻。

3 將綠茶與話梅倒入杯中即可。

TIPS

🧊 喜歡茶香味重一點，沖泡時間可以多泡1～2分鐘。

冬瓜鐵觀音

喝冬瓜茶時，可能喝到一半就會覺得甜膩，
如果加入鐵觀音茶，完全綜合甜膩的感覺，
喝起來反而更順口，冬瓜控非常值得嘗嘗看。

飲品示範｜陳韋成

TIPS 喜歡較甜者，可以增加適量糖水（作法見 P.20）。

材 ― 料 Ingredients

鐵觀音茶葉	10g
熱水	300ml
（溫度85～90℃）	
冬瓜茶	150ml ≫ P.105
冰塊	適量
綠檸檬片	1片

作 ― 法 Step by Step

1 鐵觀音茶葉沖泡熱水3分鐘，使用濾茶器將茶湯倒入搖酒器，冷卻備用。

2 冬瓜茶、八分滿冰塊加入作法1搖酒器中，搖盪均勻。

3 將茶湯倒入杯中，放入綠檸檬片裝飾即可。

抹茶
冰拿鐵

濃厚微苦的抹茶魅力無法擋，
抹茶拿鐵在連鎖茶飲店推出時造成一股旋風式購買潮流，
是抹茶控不能錯過的飲品。

飲品示範｜余姍青

材 — 料 Ingredients

抹茶粉	3g
熱水	30ml
	（溫度85～90℃）
冰塊	適量
鮮奶	200ml
糖水	30ml ✂ P.20
	（兩種糖水皆可）
冷奶泡	3～5大匙 ✂ P.19
食用花	1朵

TIPS

◯ 食用花是點綴用途，或是以
   抹茶粉輕輕篩於奶泡表面。

◯ 市面上的抹茶粉廠牌多，沖
   泡出來的色澤不一，您可以
   依照喜好挑選。

◯ 糖水與鮮奶在杯中必須先混
   合均勻，倒入抹茶時慢慢的，
   讓比重比較輕的抹茶飄浮在
   鮮奶上層。

作 — 法 Step by Step

1 抹茶粉以熱水沖泡，攪拌均勻至無結粒。

2 冰塊放入杯中至 8 分滿，再倒入鮮奶、糖水，攪拌均勻。

3 吧叉匙貼於杯子內壁，慢慢將抹茶倒入匙面，使抹茶飄浮在
  鮮奶上方。

4 再將冰奶泡挖入杯中，表面裝飾食用花即可。

黑糖珍珠鮮奶

濃濃黑糖香搭配鮮奶與軟 Q 的粉圓，
甜蜜的滋味耐人回味，也成為國外遊客必點的飲品，
有嚼感讓人欲罷不能，喝完還想再點一杯！

飲品示範 | 陳韋成

TIPS

- 使用吧叉匙慢慢倒入鮮奶，分層較容易。
- 黑糖蜜可以在杯緣裝飾，增加視覺層次感。

材料 Ingredients

黑糖蜜	60ml
粉圓	100g ⊱ P.35
冰塊	10顆
鮮奶	180ml

作法 Step by Step

1 黑糖蜜、粉圓和冰塊加入杯中。

2 將鮮奶沿著吧叉匙慢慢倒入作法 1 杯中，形成分層即可。

仙草凍
鮮奶茶

軟嫩滑溜的仙草凍,
咀嚼時帶有微微仙草甘味與鮮奶的滑順香甜感,
而且仙草本身具解渴、消暑功效,
非常適合夏季暢飲一杯。

材 料 Ingredients

阿薩姆紅茶葉	6g
熱水	90ml
（溫度90～95℃）	
鮮奶	120ml
二砂糖水	30ml
冰塊	適量
仙草凍	130g

TIPS

☐ 仙草凍可以先加入
 10ml 二砂糖水浸
 泡,增加仙草甜味。

☐ 喜歡奶味者,可以
 添加 10g 奶精粉至
 搖酒器,一起搖盪
 均勻。

作 法 Step by Step

1 阿薩姆紅茶葉沖泡熱水3
 分鐘,使用濾茶器將茶湯
 倒入搖酒器,冷卻備用。

2 鮮奶、糖水、八分滿冰塊
 加入作法1搖酒器中,搖
 盪均勻。

3 仙草凍切丁放入杯中,接
 著將奶茶倒入杯中即可。

飲品示範│陳韋成

63

鐵觀音奶茶

顏色看起來像奶茶，灰色調居多，
奶茶香氣四溢，入口後其茶葉的清香能停留許久，
回甘的茶味令人想一喝再喝。

飲品示範 | 陳韋成

材 — 料 Ingredients

鐵觀音茶葉	6g
二砂糖	20g
熱水	150ml
（溫度85～90℃）	
鮮奶	200ml

作 — 法 Step by Step

1 鐵觀音茶葉放入鍋中，以小火炒香。

2 再加入二砂糖，炒至焦糖色，待糖溶化轉成深色。

3 接著倒入熱水，轉中火煮滾。

4 再加入鮮奶，轉小火煮熱（大約 90～95℃，不能煮沸），濾除茶葉後冷卻。

5 將奶茶倒入搖酒器，加入八分滿冰塊，搖盪均勻即可倒入杯中。

TIPS

- 鐵觀音奶茶冷熱製作皆可，熱飲則不需加冰塊。

- 茶葉在鍋中炒香，必須不停攪拌，才能避免焦黑。

- 鐵觀音茶葉味香形美，茶葉外觀成球型或半球型，茶湯沖泡呈現琥珀色，香氣濃郁厚重。

冰水果茶

鳳梨醬與百香果的果汁組合成無敵茶基底，
酸中帶甜的美妙層次，
不需額外加糖，就已經好喝到會升天。

飲品示範　陳韋成

材 ⟩ 料 Ingredients

紅茶包	1包（每包2g）
熱水	90ml
	（溫度90～95℃）
鳳梨醬	30ml ⟩ P.99
蜂蜜	30ml
柳橙汁	90ml
綠檸檬汁	10ml
百香果肉	70g
冰塊	適量
綠檸檬片	2片
柳橙片	2片
蘋果片	2片

作 ⟩ 法 Step by Step

1 紅茶包沖泡熱水2分鐘，取出茶包後冷卻備用。

2 紅茶、鳳梨醬、蜂蜜、柳橙汁、綠檸檬汁、百香果肉和八分滿冰塊放入搖酒器，搖盪均勻。

3 將茶湯倒入杯中，綠檸檬片、柳橙片、蘋果片放入杯中即可。

TIPS

▢ 柳橙汁、綠檸檬汁為新鮮水果壓汁。

▢ 這款水果茶冷喝、熱飲皆宜，可以加入喜歡的水果。

▢ 使用錫蘭紅茶、中性口味的紅茶或青茶沖泡皆可。

甘蔗青茶

當甘蔗遇見青茶，清甜白甘蔗沁入青茶清香的底韻之中，
如此呈現出最天然的香氣與甜味，交織成一杯優質好茶。

材　料 Ingredients

青茶葉	6g
熱水	200ml
	（溫度85～90℃）
二砂糖水	20ml ≫ P.20
白甘蔗汁	150ml
冰塊	適量

作　法 Step by Step

1 青茶葉沖泡熱水3分鐘，使
用濾茶器將茶湯倒入搖酒器，
冷卻備用。

2 糖水、白甘蔗汁、八分滿冰
塊加入作法1搖酒器中，搖
盪均勻。

3 將茶湯倒入杯中即可。

TIPS

青茶也可換成綠茶，變成甘蔗綠茶。

楊枝甘露

這道甜品原本用湯匙一口口舀進嘴裡，
變成插上吸管大口吸入口腔的飲品，
明亮的黃色與多層次搭配，
轉身變成時下連鎖飲品店的招牌商品之一。

材 ～ 料 Ingredients

葡萄柚果肉	30g
愛文芒果	150g
西米露	50g
冰塊	20顆
動物鮮奶油	50ml
鮮奶	50ml

作 ～ 法 Step by Step

1 葡萄柚果肉切成小丁；芒果切小塊，備用。

2 將西米露倒入杯中，再將葡萄柚果肉鋪於西米露上方。

3 芒果塊與 10 顆冰塊放入果汁機，打成果汁後倒入作法 2 杯中。

4 動物鮮奶油、鮮奶和 5 顆冰塊放入搖酒器，搖盪均勻。

5 杯中再填入 5 顆冰塊，隔冰塊將奶霜倒入杯中，形成分層即可。

TIPS

🧊 葡萄柚果肉可以預留一些，鋪於奶霜上裝飾。

🧊 芒果丁也能留一些，和葡萄柚果肉在奶霜上裝飾。

西米露

材料

西米谷 30g
椰漿 30ml
糖水 30ml ⊱ P.20 （兩種糖水皆可）

作法

1 西谷米放入滾水中，轉中火再次煮滾成透明狀，關火。

2 撈起煮好的西谷米，和椰漿、糖水拌勻，冷卻備用。

烏龍綠茶

清澈的黃褐色茶湯，入口清新芳香、甘醇渾厚、
些微炭燒味，可可香與果木香的香氣，
是一般烘焙無法比擬的獨特風味，
也是口感特別順口的飲品。

材 ~ 料 Ingredients

炭焙烏龍茶葉	6g
綠茶葉	6g
熱水	300ml（溫度85～90℃）
二砂糖水	30ml ~ P.20
冰塊	適量

作 ~ 法 Step by Step

1 炭焙烏龍茶葉、綠茶葉各加入150ml
　熱水，分開沖泡均勻。

2 濾除茶葉後冷卻備用。

3 茶湯、糖水、八分滿冰塊倒入搖酒器，
　搖盪均勻。

4 將茶湯倒入杯中即可。

TIPS

若沒有炭焙烏龍茶，可以使
用自己喜歡的烏龍茶葉。

飲品示範｜陳韋成

鮮橙綠茶

選用100%鮮榨柳橙原汁，自然無添加、果香濃郁的飲品。
柳橙外皮的天然清香，加入清爽綠茶調配，
香甜中尾韻帶著綠茶厚度，層次豐富，對味又順口。

飲品示範｜陳韋成

材—料 Ingredients

綠茶葉	6g
熱水	90ml
（溫度85～90℃）	
柳橙汁	90ml
二砂糖水	30ml ∞ P.20
冰塊	適量
柳橙片	2片

作—法 Step by Step

1 綠茶葉沖泡熱水3分鐘，使用濾茶器將茶湯倒入搖
酒器，冷卻備用。

2 柳橙汁、糖水、八分滿冰塊加入作法1搖酒器中，
搖盪均勻。

3 將綠茶倒入杯中，放入柳橙片即可。

TIPS

柳橙汁可以使用新鮮水果壓汁，也能換成100%柳橙汁。

滑順帶著起司的鹹香味，
喝一口還會在嘴唇上留下奶蓋芝芝的白鬍子印記，
與新鮮芒果調製成的芒果起司芝芝，
輕輕搖晃轉動一下，
還能製造成雲瀑般的視覺效果。

芒果起司芝芝

材 ⌒ 料 Ingredients

芒果	250g
綠茶凍	1個（130g）
冰塊	5顆
奶蓋	60ml ⌒ P.20

作 ⌒ 法 Step by Step

1 芒果切小丁；綠茶凍切小塊，備用。

2 將 200g 芒果丁和 5 顆冰塊放入果汁機，攪打均勻成冰沙。

3 將綠茶凍倒入杯中，再加入 50g 芒果丁。

4 接著倒入芒果冰沙至九分滿，最上層鋪上奶蓋即可。

TIPS

🧊 綠茶凍為市售品，也可以分開搭配食用。

🧊 芒果屬於季節性水果，可以使用果泥代替。

椰果
鮮奶茶

香甜略帶酸的椰果和渾厚香濃的奶茶結合，
交疊成讓您難忘的滋味，增添 Q 彈的口感，
清爽不膩口，是一款滿足口欲的飲品。

材—料 Ingredients

阿薩姆紅茶葉	6g
熱水	90ml（溫度90～95℃）
鮮奶	120ml
糖水	20ml ➤ P.20（兩種糖水皆可）
冰塊	適量
椰果	15g

作—法 tep by Step

1 紅茶葉沖泡熱水 3 分鐘，使用濾茶器將茶湯倒入搖酒器，冷卻備用。

2 鮮奶、糖水、八分滿冰塊加入作法 1 搖酒器中，搖盪均勻。

3 將椰果放入杯中，再倒入奶茶即可。

TIPS

喜歡鮮奶者，可以增加鮮奶量。

芋頭鮮奶

芋頭是許多人愛吃的食材，
做成甜點或鹹食皆適合。
近幾年許不少搖飲業者推出芋頭系列飲品，
將芋頭製成綿密的芋泥，再和鮮奶等混合，
滿滿層次口感絕對好喝。

材 料 Ingredients

熟芋頭	100g
鮮奶	200ml
水	100ml
煉乳	45g
白砂糖水	20ml ⇒ P.20
冰塊	5顆

TIPS

🔲 喜歡顆粒口感，可以預留少許
　 熟芋頭丁，裝杯後一起食用。

作 法 Step by Step

1 將熟芋頭、鮮奶、水、煉乳、糖水、5顆冰塊放入果汁機。

2 攪打均勻至芋頭綿密且不見顆粒狀。

3 再倒入杯中即可。

熟芋頭

材料

去皮芋頭 100g

作法

1 芋頭切丁後放入電鍋內鍋，外鍋倒入 90ml 水。

2 按下電源開關，蒸熟後放涼備用。

布丁鮮奶茶

香醇鮮奶搭配濃郁順口的茶香，
加入整個布丁，令人想一喝再喝，
同時擁有香濃、綿密、軟 Q、滑順，
口感清爽對味。

材—料 Ingredients

阿薩姆紅茶葉	6g
熱水	90ml（溫度 90～95℃）
鮮奶	120ml
糖水 · 20ml ∞ P.20（兩種糖水皆可）	
冰塊	適量
布丁	1個（100g）

作—法 Step by Step

1 阿薩姆紅茶葉沖泡熱水 3 分鐘，使用濾茶
　器將茶湯倒入搖酒器，冷卻備用。

2 鮮奶、糖水、八分滿冰塊加入作法 1 搖酒
　器中，搖盪均勻。

3 將布丁放入杯中，再倒入奶茶即可。

TIPS

🍮 喜歡重奶茶口味者，
　可以將茶葉加入鍋中
　煮約 1 分鐘，再加入
　鮮奶拌勻，關火待冷
　卻備用。

🍹 飲品示範│陳韋成

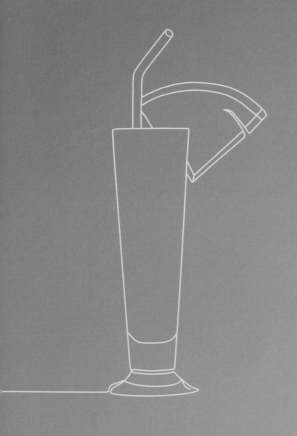

Chapter 4

異國
風味飲

世界各國結合當地的飲食習慣和特產，
創造出最具代表性的飲料，
不需出國也有機會喝到泰式奶茶、愛爾蘭咖啡等。

泰式奶茶

泰式奶茶的茶香濃郁，搭配溫潤順口的煉乳，
在嘴裡散發出濃濃奶香，還有碎冰口感真的太消暑了，
這款獨特風味是許多螞蟻人必喝之選。

材　料 Ingredients

水	250ml
泰國紅茶葉粉	20g
煉奶	30ml
奶水	60ml
糖水 —— 60ml ✂ P.20（兩種糖水皆可）	
冰塊	適量
碎冰	適量

作　法 tep by Step

1. 將水煮滾，倒入泰國紅茶葉粉、煉奶、
奶水，轉小火煮2分鐘，濾出茶葉冷卻。

2. 將茶湯、糖水、八分滿冰塊倒入搖酒
器，搖盪均勻。

3. 碎冰放入杯中至九分滿，倒入茶湯即可。

TIPS

- 茶葉可以進行兩次過濾，茶湯較為清澈。
- 喜歡吃甜者，可以再增加適量糖水和煉乳量。
- 在小火煮過程中，可以使用吧叉匙攪拌，避
免產生焦化。

🍸 飲品示範│陳韋成

印度香料奶茶

印度奶茶充滿濃濃異國風情，
有多樣化的香料在這杯溫暖的奶茶中，
可以品嘗到肉桂、薑、小豆蔻、丁香等
和奶茶融合一起的味道，
又能促進身體代謝，有助身心健康。

材料 Ingredients

水	150ml
老薑	10g
肉桂	10g
小荳蔻	3顆
丁香	4顆
阿薩姆紅茶葉	6g
鮮奶	150ml
二砂糖水	30ml ∞ P.20
冰塊	適量

飲品示範｜陳韋成

作法 Step by Step

1 將水、老薑、肉桂、小荳蔻、丁香加入鍋中，開中火煮滾持續1分鐘。

2 加入阿薩姆紅茶葉，轉小火續煮1分鐘。

3 再加入鮮奶，持續煮至快沸騰前關火。

4 用濾網將茶葉、香料過濾，冷卻備用。

5 將茶湯、糖水、八分滿冰塊加入搖酒器，搖盪均勻，倒入杯中即可。

TIPS

🥛 喜歡肉桂風味者，可拿來當攪拌棒攪拌，肉桂香氣風味更顯著。

🥛 冬天飲用時，不需加冰塊搖盪，當熱飲暖暖身心。

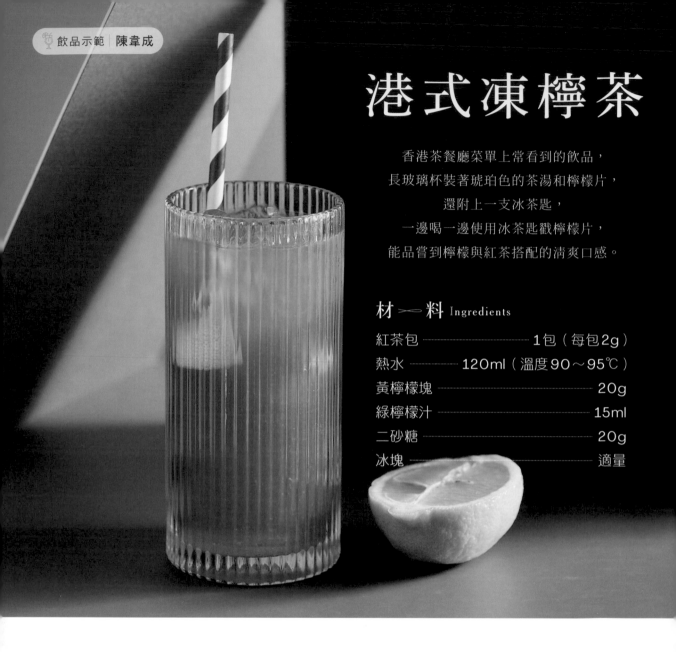

港式凍檸茶

香港茶餐廳菜單上常看到的飲品，
長玻璃杯裝著琥珀色的茶湯和檸檬片，
還附上一支冰茶匙，
一邊喝一邊使用冰茶匙戳檸檬片，
能品嘗到檸檬與紅茶搭配的清爽口感。

材－料 Ingredients

紅茶包	1包（每包2g）
熱水	120ml（溫度90～95℃）
黃檸檬塊	20g
綠檸檬汁	15ml
二砂糖	20g
冰塊	適量

作－法 Step by Step

1 紅茶包放入沖茶器，沖泡熱水2分鐘，冷卻備用。

2 黃檸檬塊、綠檸檬汁、二砂糖放入杯中，使用搗棒將檸檬搗出汁。

3 再加入八分滿冰塊，倒入紅茶至九分滿。

4 使用吧叉匙均勻攪拌，放入長柄咖啡匙或吸管即可。

TIPS

🧊 冰塊可以用碎冰替換，口感更清涼。

🧊 酸甜口感可依照個人喜愛調整。

🧊 紅茶包味道比較不澀，與這道飲品搭配更適合。

鴛鴦奶茶

香港非常有名的飲品,將咖啡加入奶茶中,
在東南亞也被稱爲咖啡茶,可以同時喝到茶與咖啡的香味,
茶香、咖啡香絕配口感一次滿足,完美呈現南洋風味。

材—料 Ingredients

阿薩姆紅茶葉	6g
即溶黑咖啡	3g
熱水	200ml（溫度90～95℃）
鮮奶	100ml
糖水	30ml × P.20（兩種糖水皆可）
冰塊	適量

作—法 Step by Step

1 阿薩姆紅茶葉、即溶黑咖啡各加入100ml
　熱水,分開沖泡均勻。

2 濾除茶葉後冷卻備用。

3 茶湯、咖啡、鮮奶、糖水、八分滿冰塊
　倒入搖酒器,搖盪均勻。

4 將茶湯倒入杯中即可。

TIPS

🖐 紅茶沖泡時間可以更長,避免茶香
　味道被咖啡壓過而造成香氣不足。

越南
冰咖啡

越南咖啡的味道非常強烈，咖啡的苦味及堅果香，
隨著煉乳帶出的甜甜口感，會一次衝上來釋放在您的喉嚨，
就像喝一杯烈酒般，又濃又烈，眼睛會突然睜大，
接著大呼痛快。

材料 Ingredients

深烘焙掛耳咖啡包 ———— 1包（每包2g）
熱水 ———— 100ml（溫度90～95℃）
煉乳 ———— 60ml
冰塊 ———— 適量

作法 Step by Step

1 掛耳咖啡用熱水沖泡，冷卻備用。

2 煉乳、八分滿冰塊倒入杯中。

3 將咖啡倒入咖啡上方，形成分層即可。

飲品示範 陳韋成

TIPS

- 喜歡甜一點，則煉乳可以增加量。
- 若沒有掛耳咖啡包，可以用即溶咖啡粉代替
- 咖啡味道也可換成義式濃縮咖啡（作法見 P.18），屬於比較濃郁的咖啡。

焦糖
咖啡冰沙

咖啡愛好者絕對不能錯過，
以醇香的義式濃縮咖啡加入焦糖糖漿提味，
淋上香甜的焦糖印記，
在悠閒輕鬆的午後喝一杯，
甜蜜又滿足。

TIPS

- 義式濃縮咖啡可以用即溶咖啡粉替換。
- 可以先在杯緣淋上不規則的焦糖漿裝飾。
- 泡沫鮮奶油上放一些爆米花或脆笛酥餅乾
  搭配食用，味道更有層次感。

材 料 Ingredients

義式濃縮咖啡	60ml ✕ P.18
鮮奶	60ml
冰塊	適量
泡沫鮮奶油	適量
焦糖糖漿	30ml

作 法 Step by Step

1 義式濃縮咖啡、鮮奶、冰塊倒入果汁機，攪打均勻
　成冰沙。

2 將咖啡冰沙倒入杯中，上方擠上泡沫鮮奶油。

3 焦糖糖漿淋在泡沫鮮奶油裝飾即可。

日式 玄米綠茶

擁有迷人的淡雅香氣與豐富層次，
也由於咖啡因含量較少，是老、少、孕婦都適合飲用，
是近幾年非常受歡迎的茶飲。

材—料 Ingredients

玄米綠茶茶包	2包（每包2g）
熱水	200ml（溫度85〜90℃）
二砂糖水	30ml ≫ P.20
冰塊	適量

作—法 Step by Step

1 玄米綠茶茶包沖泡熱水2分鐘，取出茶包後冷卻備用。

2 將泡好的玄米茶倒入搖酒器，加入糖水和八分滿冰塊，搖盪均勻。

3 杯中放入五分滿冰塊，將茶湯倒入杯中即可。

TIPS

茶飲上方可放適量茶包內的玄米茶葉，增加風味與香氣。

飲品示範｜陳韋成

韓國人參茶

以補氣聞名的人參，喝起來帶點微甘的口感，
聞得到淡淡的參味，也能溫暖身體、增強免疫力和促進血液循環。

飲品示範｜陳韋成

TIPS

🧊 喜歡濃厚人參香氣者，可以煮 30 分鐘。

🧊 茶杯可以進行溫杯（作法見 P.24）。

材　料 Ingredients

參鬚	5g
紅棗	5顆
枸杞	5g
熱水	200ml
蜂蜜	20ml

作　法 Step by Step

1 參鬚、紅棗、枸杞和熱水放入鍋中。

2 以小火慢煮 10 分鐘，看到顏色轉深再關火。

3 蜂蜜倒入杯中，將作法 2 茶湯倒入杯中，攪拌均勻即可。

南洋風芋頭西米露

口感綿密細緻的芋頭加上嚼勁軟 Q 的西米露，形成絕妙好滋味。
泰式料理收尾甜點，不是來一碗摩摩喳喳，就是想嘗杯冰涼的西米露。

材 — 料 Ingredients

去皮芋頭	250g
白砂糖	20g
水	150ml
鮮奶	100ml
椰奶	100ml
西米露	20g ～ P.69
冰塊	適量

作 — 法 Step by Step

1 芋頭切丁後放入電鍋內鍋，外鍋倒入 90ml 水。

2 按下電源開關，蒸熟後放涼備用。

3 將 185g 芋頭丁放入容器中，加入白砂糖、水，將芋頭丁壓碎。

4 再倒入鍋中，轉中火煮至稍微稠狀，繼續煮滾，再倒入鮮奶、椰奶，煮至冒泡泡即關火。

5 接著加入剩餘 65g 芋頭丁，稍微混合。

6 杯中加入三分滿冰塊，倒入已放涼的芋頭湯、西米露即可。

TIPS

- 西谷米煮的時候要分次下，避免黏成一團。

- 預留一些芋頭丁，是想保有芋頭顆粒口感

- 將燜好西谷米用冷開水（已煮過的水，非生水）洗過，如此西谷米會比較 Q。

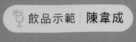

鳳梨椰子奶昔

每當夏季來臨，
許多人腦海會先浮現海南島豔陽下
品嘗熱帶水果的滋味，
這飲品以濃郁的椰奶香氣，
綜合當季鳳梨的酸甜清爽，
延續盛夏的熱情活力。

材 料 Ingredients

鳳梨	150g
香蕉	70g
鳳梨汁	60ml
椰奶	60ml
二砂糖水	20ml ≫ P.20
冰塊	適量
鳳梨片	1片

作 法 Step by Step

1 鳳梨、香蕉切小塊備用。

2 鳳梨汁、椰奶、糖水、鳳梨塊、香蕉塊、五分滿杯冰塊倒入果汁機。

3 攪打均勻後倒入杯中，裝飾鳳梨片即可。

TIPS

可以再放入3片鳳梨葉裝飾。

喜歡鳳梨酸感，糖水可以減少。

英式奶茶

英式早餐茶香氣濃烈，含有左旋茶胺酸（L-theanine）營養素，能提高專注力、放鬆身心、醒腦，最適合早晨起床後享用，有精神完成工作任務。

材料 Ingredients

英式早餐茶	2包（每包2g）
熱水	200ml（溫度90～95℃）
鮮奶	100ml
方糖	1顆

作法 Step by Step

1 英式早餐茶包沖泡熱水 2 分鐘，取出茶包後冷卻備用。

2 進行溫杯（作法見 P.24），將茶湯倒入杯中。

3 將微溫的鮮奶、方糖加入杯中，攪拌均勻即可。

TIPS　鮮奶先進行溫熱，不需要煮滾備用。

飲品示範｜陳韋成

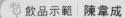

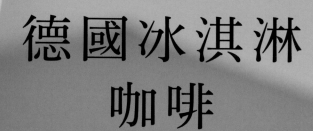

德國冰淇淋咖啡

濃縮咖啡倒入後不會立即融化冰淇淋，
品嘗其冰火交融、苦甜平衡的美感。
不僅是爽口暢快的咖啡，
也是視覺和味覺都令人療癒的飲品。

材 料 Ingredients

義式濃縮咖啡	60ml ⤝ P.18
鮮奶	180ml
糖水	30ml ⤝ P.20
	（兩種糖水皆可）
冰塊	適量
香草冰淇淋	1球
泡沫鮮奶油	適量
可可粉	1g

作 法 Step by Step

1 義式濃縮咖啡、鮮奶、糖水和三分滿冰塊倒入杯中，攪拌均勻。

2 香草冰淇淋扣在咖啡上方，再擠上泡沫鮮奶油。

3 將可可粉篩於泡沫鮮奶油上方裝飾即可。

TIPS

🥛 沒有義式濃縮咖啡，可用深烘焙咖啡代替。

🥛 如果想微醺口味，則可先加入威士忌於杯底，再加入其他材料。

可可芭蕾

可可芭蕾的黑白漩渦化在嘴裡，舌尖圍繞濃郁的口感，奶香與巧克力結合的療癒滋味，形成多層次口感，整杯甜蜜滋味，將讓您忘了疫情的煩悶。

材──料 Ingredients

可可粉	10g
熱水	90ml（90～95℃）
糖水	30mll × P.20（兩種糖水皆可）
冰塊	適量
鮮奶	200ml

作──法 Step by Step

1 可可粉加入熱水沖開，冷卻備用。

2 可可、糖水、六分滿冰塊倒入杯中，攪拌均勻。

3 將鮮奶慢慢倒入杯中，形成分層即可。

TIPS

🧊 使用吧叉匙進行分層，顏色較分明。

🧊 喜歡可可者，可在鮮奶上方撒滿可可粉裝飾。

🍹 飲品示範│陳韋成

飲用時不僅喝得到愛爾蘭威士忌的香醇，
也可以嘗到令人精神為之一振的咖啡，
當然還有綿密的鮮奶油，
這樣多層次滋味，讓許多人難以忘懷。

愛爾蘭咖啡

材—料 Ingredients

愛爾蘭威士忌	45ml
義式濃縮咖啡	30ml ⤳ P.18
白砂糖	10g
熱水	150ml
泡沫鮮奶油	適量
肉桂粉	1小匙

作—法 Step by Step

1 愛爾蘭威士忌、義式濃縮咖啡、白砂糖和熱水倒入愛爾蘭咖啡專用杯。

2 使用吧叉匙攪拌均勻。

3 將泡沫鮮奶油擠於杯子上方，再撒上肉桂粉裝飾即可。

TIPS

▢ 沒有愛爾蘭咖啡專用杯，可使用馬克杯代替。

▢ 可以先溫杯（作法見 P.24），即杯子倒入八分滿熱水溫杯約1分鐘，將熱水倒掉即可完成溫杯。

▢ 泡沫鮮奶油又稱為噴式鮮奶油，不需費時打發，使用前搖一搖再將瓶身倒立，以大拇按壓即可裝飾飲品。

英式伯爵奶茶

這款奶茶是英式傳統口味，天然佛手柑香氣結合獨特茶味與奶香，
一直以來都是超熱門的奶茶口味之一。

飲品示範　陳韋成

材　料 Ingredients

伯爵紅茶葉	6g
熱水	100ml（溫度90～95℃）
鮮奶	120ml
二砂糖水	30ml ✕ P.20
冰塊	適量

作　法 Step by Step

1 伯爵紅茶葉沖泡熱水3分鐘，使用濾茶
　器將茶湯倒入搖酒器，冷卻備用。

2 再加入鮮奶、糖水、八分滿冰塊，搖盪
　均勻。

3 將飲品倒入杯中即可。

TIPS 　喜歡泡沫感，搖盪次數可以更多次，增加飲品多層次口感。

葡萄牙
瑪克蘭咖啡

咖啡原本就有酸味，
但是加上天然檸檬果酸，搭配獨特咖啡香，
很容易一口接著一口喝，
真的療癒又解渴。

飲品示範｜陳韋成

材 ⟩⟨ 料 Ingredients

義式濃縮咖啡 ⸺⸺⸺⸺ 60ml ⟩⟨ P.18

冰水 ⸺⸺⸺⸺⸺⸺⸺⸺ 200ml

綠檸檬汁 ⸺⸺⸺⸺⸺⸺⸺ 20ml

糖水 ⸺⸺⸺⸺⸺⸺ 20ml ⟩⟨ P.20

（兩種糖水皆可）

冰塊 ⸺⸺⸺⸺⸺⸺⸺⸺⸺ 適量

綠檸檬片 ⸺⸺⸺⸺⸺⸺⸺⸺ 1片

作 ⟩⟨ 法 Step by Step

1 義式濃縮咖啡、冰水攪拌均勻，即是冰黑咖啡。

2 冰黑咖啡、綠檸檬汁、糖水、五分滿冰塊倒入杯中。

3 使用吧叉匙攪拌均勻，放入綠檸檬片裝飾即可。

TIPS

🍸 酸甜度可依照個人喜好調整。

🍸 義式咖啡可以換成即溶咖啡。

暖心熱紅酒

在寒冬想溫暖身體，可以喝這杯熱紅酒，
能促進血液循環，各式香料不僅療癒身心，還有助於放鬆。

飲品示範　陳韋成

材 ⤢ 料 Ingredients

紅酒	100ml
蔓越莓汁	100ml
柳橙汁	60ml
荔枝糖漿	30ml
二砂糖水	15ml ⤢ P.20
帶皮蘋果片	2片
綠檸檬片	2片
柳橙片	2片
月桂葉	1片
丁香	3顆

作 ⤢ 法 Step by Step

1 所有材料倒入鍋中，以中火煮滾後轉小火，續煮1分鐘即關火。

2 將飲品倒入杯中即可。

TIPS

🧊 盡量使用年分較新的紅酒。

🧊 可取鍋內的蘋果片、柳橙片、月桂葉裝飾飲品。

Chapter 5

經典
古早味

古早味飲品蘊含兒時回憶，
屬於家鄉的思念，雖然沒有現代飲品花俏多彩，
您只要加點巧思，就能有多層次滋味、同時品味古早味。

鳳梨冰茶泡泡飲

台灣鳳梨與鳳梨酥一樣聞名於世界，
製成鳳梨冰茶深具懷舊與古早氣息，
並且獨具濃厚的台灣味，
大熱天的夏季來一杯，
極為消暑的一款飲品。

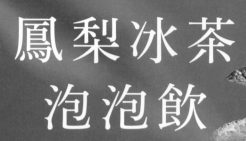

材－料 Ingredients

鳳梨醬	3大匙
冰塊	適量
無糖氣泡水	200ml
鳳梨乾	1片
鳳梨葉	3片
薄荷葉	1小枝

TIPS

- 鳳梨醬一次製作多些，放涼後再放入冰箱冷藏，待調製飲品時舀出使用。
- 鳳梨醬加飲用水攪拌均勻即可飲用，可以變化將氣泡水換成紅茶或綠茶，調製鳳梨紅茶或是鳳梨綠茶。

作－法 Step by Step

1　鳳梨醬放入杯中。

2　再加入冰塊至八分滿，接著倒入無糖氣泡水，稍微攪拌。

3　最後以鳳梨乾、鳳梨葉和薄荷葉裝飾即可。

鳳梨醬

材料

鳳梨 300g
二砂糖 75g
綠檸檬汁 15ml

作法

1　鳳梨去皮，果肉與鳳梨芯切成小丁狀。

2　鳳梨丁、二砂糖放入鍋中，開中小火拌炒至滾，續炒至水分收乾。

3　再倒入綠檸檬汁，炒勻成鳳梨醬，關火冷卻備用。

粉條仙草茶

米苔目與粉條是炎熱夏天的經典台式飲品食材，
除了糖水的傳統風味外，
與仙草茶的結合也是融入古早味仙草的退火解熱，
更有粉條的咀嚼口感。

材—料 Ingredients

仙草乾	50g
水	1000ml
白砂糖	50g
粉條	80g
冰塊	適量

作—法 tep by Step

1. 仙草乾洗淨泡水，將沉澱的泥沙去除。

2. 仙草乾與水放入鍋中，以中火煮滾，轉小火煮約1小時，再加入白砂糖調整甜味，冷卻後放入冰箱備用。

3. 粉條放入杯中，再加入冰塊至八分滿，最後倒入冰鎮的仙草茶即可。

TIPS

- 傳統市場可以買到粉條，也可替換成米苔目，都是具備台式風味的食材

- 仙草乾曬乾過程有許多泥沙，建議以水多沖洗幾次去除。若是整株的仙草乾，可用剪刀剪小段後泡入水中清洗。

飲品示範｜余姍青

綠豆沙牛奶

小時候媽媽煮好綠豆湯，
都會裝入冷凍袋後放入冰箱冷凍，
就是夏天放學後的綠豆冰點心。
夜市販售的飲品，加入鮮奶打成的綠豆沙，
就是代表夏天必喝的台味飲品。

材一料 Ingredients

熟綠豆	100g
鮮奶	100ml
冰塊	適量

作一法 Step by Step

1 放涼的熟綠豆、鮮奶與搖酒器八分滿冰塊放入果汁機。

2 攪打均勻即可倒入杯中。

TIPS

🧊 本配方若不加鮮奶，亦可做綠豆冰沙飲品。

🧊 綠豆也能用電鍋煮熟，記得事先泡水後燜煮至軟，以利飲用口感。

🧊 綠豆可以先煮好放入冰箱冷藏，等要喝的時候，再以果汁機現打，綠豆與鮮奶的比例約為 1：1。

熟綠豆

材料

綠豆 100g
冷水 300ml
熱水 300ml
白砂糖 30g

作法

1 綠豆先泡水 1 小時，清洗乾淨後加冷水。

2 以中火煮滾，轉小火燜煮 30 分鐘，加入熱水，關火悶 30 分鐘。

3 再倒入白砂糖，攪拌均勻，放涼備用。

水果繽紛
杏仁露

夏夜晚風的公園，
小攤子賣的水果杏仁露是兒時印象極為深刻的甜品，
搭上酸梅或是罐頭水果與碎冰，
湯匙舀起就是一碗透心涼，
現在把湯匙換成吸管，也能復刻記憶回味童年。

材 — 料 Ingredients

杏仁露	80g
二砂糖水	60ml ∞ P.20
綜合新鮮水果丁	30g
碎冰	適量

TIPS

- 早期杏仁露的水果丁以罐頭蜜漬的水果使用，您在製作時可以依據當季的時令水果運用。

- 這款飲品有類似吃甜品的概念，必須糖水與碎冰一起，可以邊戳邊喝讓碎冰稍微溶化與糖水融合。

- 杏仁露加上酸梅，也是一種經典的古早味，提供給各位參考。

- 新鮮水果可挑喜歡的種類，例如：奇異果、芒果、草莓等。

作 — 法 Step by Step

1 將凝固的杏仁露切小塊後倒入杯中。

2 糖水倒入杯中，加入碎冰至八分滿。

3 最後加入新鮮水果丁即可。

杏仁露

材料

南杏 50g

水 500ml

白砂糖 10g

洋菜粉 4g

作法

1 南杏先泡水約半天，再倒入果汁機中打成漿，以濾布除渣。

2 杏仁漿以中火煮滾，加入白砂糖與洋菜粉，攪拌至溶解，關火。

3 再倒入平盤中放涼，放入冰箱冷藏凝固。

米苔目酸梅湯

傳統酸梅湯的滋味是小時候廟口的回憶，
廟口樹下的米苔目冰是大小朋友的兒時記趣。
米苔目與酸梅湯結合是傳統火花的新結合，
口感產生新滋味！

材 — 料 Ingredients

烏梅	30g
仙楂	20g
洛神	10g
陳皮	5g
決明子	5g
水	2000ml
冰糖	200g
米苔目	80g
冰塊	適量

作 — 法 Step by Step

1 烏梅、仙楂、洛神、陳皮和決明子以藥材布包裝好。

2 將藥材布包、水與冰糖放入鍋中，以中火煮滾。

3 續滾約 3 分鐘，轉小火煮 1 小時，關火悶 1 小時，冷卻後
冷藏冰涼備用。

4 米苔目放入杯中，倒入冰塊至八分滿，再倒入酸梅湯即可。

TIPS

🧊 酸梅湯煮好的量較多，可依據杯子大小盛裝適合的量即可。

🧊 酸梅湯的材料皆能在中藥行購得，也可請中藥行將材料以藥材
布包裝好。

冬瓜茶清涼退火，不知何時起南北雜貨店
那一塊塊深咖啡色的冬瓜磚煮成的
冬瓜茶，加了酸酸檸檬汁，
卻成了家喻戶曉的冬瓜檸檬，
而且生津止渴人人愛。

一顆小檸檬
喝大冬瓜

 飲品示範 | 余姍青

材 — 料 Ingredients

冬瓜茶	200ml
綠檸檬汁	15ml
冰塊	適量
綠檸檬片	1片

TIPS

- 冬瓜茶磚的製作費時，建議您可以購買信賴商家品牌進行飲品製作。
- 冬瓜茶磚可以在南北雜貨店購買，有大小包裝，可依據包裝指示煮成冬瓜茶，或是以約 1：10 的比例熬煮。

作 — 法 Step by Step

1 冷卻的冬瓜茶和綠檸檬汁，攪拌均勻。

2 加入八分滿冰塊，以綠檸檬片裝飾即可。

冬瓜茶

材料	作法
冬瓜茶磚 100g 水 1000ml	1 冬瓜茶磚、水放入鍋中。 2 以中火煮至完全熔化，放涼備用。

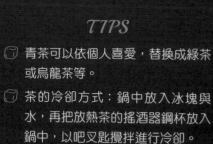

- 青茶可以依個人喜愛，替換成綠茶或烏龍茶等。
- 茶的冷卻方式：鍋中放入冰塊與水，再把放熱茶的搖酒器鋼杯放入鍋中，以吧叉匙攪拌進行冷卻。

飲品示範｜余姍青

琥珀洛神飲

去油解膩口味酸甜的紅寶石洛神花茶，艷麗的紅色富含花青素，
與青茶一起搭配成這款視覺系飲品，更是吸引人想一啜芳澤。

材 ⌒ 料 Ingredients

乾燥洛神花	10朵
熱水	200ml（溫度85～90℃）
糖水	30ml ⌒ P.20
	（兩種糖水皆可）
冰塊	適量
青茶葉	6g
熱水	120ml（溫度85～90℃）
薄荷葉	1小枝

作 ⌒ 法 Step by Step

1 乾燥洛神花、熱水放入鍋中，以中火煮滾至釋出深紅色。

2 取100ml煮滾的洛神花茶過濾於搖酒器，放置冷卻。

3 搖酒器內添加冰塊至八分滿，並加入糖水，搖盪均勻，再倒入杯中。

4 青茶葉以120ml熱水沖泡至茶湯出色，將青茶過濾於搖酒器，放置冷卻。

5 取冰塊放入作法3杯中至八分滿。

6 將冷卻的青茶倒入杯中，使其漂浮在上方，裝飾薄荷葉即可。

TIPS

- 這款飲品也可製作成熱飲，在冬天飲用非常適合。
- 不加鮮奶也是一款經典的麥茶飲品。

絕緣咖啡因麥奶茶

麥茶獨特的麥子香具穀類的特殊芬芳，好比是豐收大地收成的味道，沒有咖啡因的特色讓無法接受咖啡因的群眾有了新的體驗，也讓喝奶茶者多了無咖啡因的新選擇。

材—料 Ingredients

麥茶麥粒	5g
熱水	200ml
糖水	30ml ≫ P.20
（兩種糖水皆可）	
冰塊	適量
鮮奶	100ml
食用花	1朵

作—法 Step by Step

1 麥茶麥粒以熱水煮滾後，中火煮約 10 分鐘，關火後悶 10 分鐘。

2 將麥茶倒入搖酒器，加入糖水、八分滿冰塊，以搖盪法急速冷卻。

3 搖盪後倒入杯中，再倒入冰塊至八分滿、鮮奶，以吧叉匙攪拌均勻。

4 杯子上方裝飾食用花即可。

一粒粒被半透明包裹的山粉圓，是廟會與夜市小攤販常見的傳統飲品，
滑溜滑溜的感覺帶來爽脆感，來點清新檸檬的風味，
不僅清涼舒服還能有飽足感。

爽脆山粉圓

飲品示範│余姍青

材─料 Ingredients

冰塊	適量
熟山粉圓	150ml
綠檸檬汁	15ml
綠檸檬片	1片

作─法 Step by Step

1 杯中倒入冰塊至八分滿，加入
　熟山粉圓與綠檸檬汁，拌勻。

2 最後以綠檸檬片裝飾即可。

熟山粉圓

材料

熟山粉圓 10g
水 500ml
白砂糖 30g

作法

1 山粉圓、水倒入鍋中，以中火煮滾。

2 轉小火煮約 3 分鐘至外層呈現半
　透明狀。

3 再加入白砂糖，煮至糖熔化，關
　火後冷卻。

TIPS

▢ 山粉圓可一次煮多量，用大鍋煮比較容易操作。

▢ 想要喝酸一點，可以增加檸檬汁量。

▢ 熟山粉圓使用量，依個人所使用的杯子裝8分滿。

冰檸檬桂花釀

八月桂花香，桂花與蜂蜜在秋天的季節裡特別迷人出色，
將桂花釀做成凍，在熱氣尚未消散的秋天給一點檸檬舒爽的酸味，
這樣的季節再適合不過了。

飲品示範│余姍青

材 — 料 Ingredients

桂花釀凍	80g
冰塊	適量
無色汽水	1罐（350ml）
綠檸檬汁	15ml
桂花釀花瓣	1小匙

TIPS

☐ 市售桂花釀都有桂花花瓣，不必挑
　除，可直接製作調飲。

☐ 桂花釀凍以吉利丁製作較為軟Q，亦
　可以果凍粉製作。

作 — 法 Step by Step

1　切塊的桂花釀凍放入杯中至1/3高度。

2　放入冰塊至八分滿，再倒入無色汽水，接著倒
　入綠檸檬汁。

3　桂花釀花瓣漂浮於杯子上方即可。

桂花釀凍

材料

桂花釀 4 大匙
吉利丁片 2 片
水 300ml

作法

1　桂花釀與水加入鍋中，以中火煮滾，關火放涼。

2　吉利丁片剪小片，泡冷水至軟，擠出水分再放入作法1鍋中，立即攪
　拌溶解。

3　再倒入平盤內冷卻，冷藏凝固後切小塊備用。

焦糖脆脆
檸檬紅

經典的檸檬紅茶，是飲品店常見的基本款飲料，
紅茶搭配撒上白砂糖炙燒成焦糖檸檬，
一邊喝檸檬紅茶，一邊吃檸檬焦糖片，雙重滋味。

飲品示範│余姍青

材 — 料 Ingredients

水	1000g
熟大麥	30g
阿薩姆紅茶葉	25g
綠檸檬汁	15ml
糖水	60ml ≫ P.20
（兩種糖水皆可）	
綠檸檬片	1片
白砂糖	1大匙

作 — 法 Step by Step

1 水倒入鍋中煮滾，加入熟大麥，以中火煮 10 分鐘。

2 將阿薩姆紅茶葉加入作法 1，續煮 2 分鐘，關火後將大麥與茶葉渣濾出。

3 搖酒器加入冰塊至八分滿，倒入紅茶至八分滿，以搖盪法將紅茶急速降溫冷卻。

4 綠檸檬汁與糖水倒入杯中，以吧叉匙混合均勻。

5 再倒入搖盪均勻的冰紅茶，冰塊加入杯中至八分滿。

6 最後將綠檸檬片均勻撒上白砂糖，以噴槍炙燒後放在杯口，每杯放 1 片炙燒檸檬片。

TIPS

◻ 紅茶煮好後，也可以裝壺放入冰箱，隨時都可喝。

◻ 紅茶煮好，若沒有急速冷卻容易出現白濁現象，此為茶類中的單寧成分影響，可以加一點熱水改善。

◻ 若沒有噴槍可炙燒，可以打火機代替，並注意用火安全。

甜蜜
木瓜牛奶

木瓜切塊後倒入鮮奶，啟動果汁機瞬間變成整杯的粉橘色，這是夜市裡果汁攤的長青商品，也是冰果室用高高的玻璃杯盛裝著一杯杯閃著橙橘色樣貌的甜蜜滋味！

飲品示範 | 余姍青

材 料 Ingredients

木瓜	200g
糖水	30ml ⪧ P.20
（兩種糖水皆可）	
鮮奶	200ml
冰塊	適量
食用花	1朵

作 法 Step by Step

1 將木瓜去皮、籽及囊膜，切小塊後放入果汁機。

2 依序放入糖水、鮮奶、搖酒器三分滿的冰塊。

3 攪打均勻後倒入杯子，放上食用花點綴即可。

TIPS

▢ 新鮮的木瓜牛奶宜現打現喝，避免久置之後造成果汁分層。

▢ 木瓜攪打前記得將內層與囊膜刮乾淨，可以避免苦味出現。

▢ 本配方甜味來源是糖水，您也可換成蜂蜜，享受獨特的蜂蜜香。

憶兒時麵茶香

小時候的麵茶味道是童年記憶，以熱水沖入傳統麵茶成熱飲，
上層蓋上綿密熱鮮奶泡，撒上米香脆脆口感，
飲用的時候能回味兒時光陰。

飲品示範 | 余姍青

材料 Ingredients

原味麵茶粉	1大匙
熱水	200ml
熱奶泡	4大匙 P.19
米香乾	適量

作法 Step by Step

1 麵茶粉放入杯中，以熱水沖泡並且攪拌均勻。

2 將熱奶泡刮入作法1杯中上層。

3 再撒上米香乾裝飾即可。

TIPS

○ 米香乾為飲品裝飾，可在材料店購買，無裝飾亦可。

○ 麵茶因與熱水的比例不同而呈現不一樣的稠度，可依喜好自行調整。

○ 市售麵茶有多種口味，例如：有無豬油、有無油蔥或是原味黑芝麻等，可以自行調整使用，
這款飲品示範的材料為原味麵茶。

熱檸可樂

小時候只要稍有感冒或喉嚨癢症狀，
媽媽都會準備這道熱飲給我們喝。
煮的時候空氣中不僅香氣逼人，
趁熱喝上，好像喉嚨也舒服多了。

材一料 Ingredients

綠檸檬 ·················· 1/2個
可樂 ·············· 1罐（350ml）

作一法 Step by Step

1 綠檸檬切片後，籽盡量去除乾淨。

2 切片的綠檸檬放入馬克杯中。

3 將可樂倒入鍋中，以中火煮滾後沖入作法2馬克
杯中。

TIPS

⬚ 這道飲品僅提供風味飲品，
非正確醫療指引。

⬚ 綠檸檬去籽，可以避免苦味
在飲品中影響風味。

🍸 飲品示範｜**余姍青**

冬日芝麻可可飲

濃郁芝麻味道搭配香醇可可所調製成的熱飲，
上層鋪上鮮奶製作的熱奶泡，
再撒上烤焙過的杏仁角堅果，
補充優質堅果油脂，也能增加鈣質攝取量。

材　料 Ingredients

芝麻粉	1小匙
可可粉	1小匙
熱水	200ml
熱奶泡	4大匙 ✕ P.19
烤焙杏仁角	適量

作　法 Step by Step

1 芝麻粉與可可粉在杯中混合均勻，倒入熱水沖泡並攪拌均勻。

2 熱奶泡刮入杯中，再撒上烤焙杏仁角裝飾即可。

TIPS

🥜 堅果類亦可換成核桃或是腰果等，增加香氣。

🥜 生杏仁角先以烤箱180℃大約烤 8～10 分鐘，烤至微上色即可，或是以炒鍋乾炒上色後使用。

薑味甘蔗飲

在台灣菜市場或是傳統街道口常看到榨甘蔗汁，而甘蔗汁的清甜滋味，與磨成薑泥的老薑融合，成為一款適合天氣寒冷時飲用取暖的熱飲。

飲品示範　余姍青

材一料 Ingredients

老薑	10g
甘蔗汁	320ml
甘蔗	1小支
薑片	3片

作一法 Step by Step

1　老薑磨成薑泥。

2　薑泥、甘蔗汁放入鍋中，以中火煮滾後倒入馬克杯中。

3　杯口以 1 小支甘蔗與 3 片薑片裝飾即可。

TIPS

甘蔗汁在傳統甘蔗攤可買到。

老薑的味道辛辣，每個人接受程度不同，可依據味道調整薑泥量。

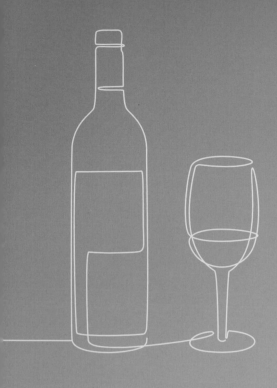

Chapter **6**

放鬆
調酒趣

飲酒適量就好，透過搖盪或是輕鬆攪拌，
立刻變出款款華麗動人的微醺雞尾酒，
在家也可以擁有專屬的放鬆調酒時光！

沐夏

使用夏天專屬的水果和果汁以及熱帶風格代表性的蘭姆酒一起搖盪均勻後，淋上紅酒達到視覺上層次與口感的變化，猶如夏天吹著海風的感覺。

材—料 Ingredients

蘭姆酒	45ml
百香果肉	20g
柳橙汁	60ml
鳳梨汁	30ml
荔枝糖漿	15ml
綠檸檬汁	10ml
冰塊	適量
紅酒	45ml
百香果	半個
薄荷葉	1小枝

作—法 Step by Step

1 蘭姆酒、百香果肉、柳橙汁、鳳梨汁、荔枝糖漿和綠檸檬汁加入搖酒器。

2 再加入八分滿冰塊，搖盪均勻即可。

3 取冰塊倒入杯中五分滿，將調酒倒入杯中。

4 紅酒倒於調飲上方，形成分層，放入半個百香果以及薄荷葉裝飾即可。

TIPS

紅酒可以使用年分較輕，例如：卡本內蘇維翁（Cabernet Sauvignon），色澤會較清澈。

飲品示範｜陳韋成

桃色繽紛

屬於一款伏特加水果調酒；
以伏特加為基底，
加上水蜜桃利口酒，倒入蔓越莓汁。
享用時，優雅使用調酒棒攪拌幾圈，
酸酸甜甜深獲女性朋友喜愛。

材 料 Ingredients

伏特加	15ml
水蜜桃香甜酒	45ml
蔓越莓汁	200ml
冰塊	適量
蘋果乾	1片
薄荷葉	1小枝

作 法 Step by Step

1 杯中放入九分滿冰塊。

2 伏特加、水蜜桃香甜酒、
　蔓越莓汁依序加入杯中。

3 使用吧叉匙均勻攪拌。

4 放入蘋果乾、薄荷葉裝飾
　即可。

TIPS

喜歡酸感多一點，可以添加 5ml 綠檸檬汁。

蘋果乾也可以換成新鮮蘋果片。

拉莫斯琴費茲

Ramos Gin Fizz 是一杯非常好喝的調酒，
喝起來有點像可爾必思的口感，
但還有一些柑橘香氣，外觀也是非常吸睛！

飲品示範│陳韋成

材 ⟶ 料 Ingredients

琴酒	60ml
綠檸檬汁	30ml
白砂糖水	30ml ⟶ P.20
蛋白	30ml
冰塊	適量
蘇打水	120ml

作 ⟶ 法 Step by Step

1 琴酒、綠檸檬汁、糖水和蛋白放入刻度杯，搖盪均勻。

2 看到蛋白搖到打發後，再加入五分滿冰塊，進行第二次搖盪均勻。

3 將酒液過濾後倒入杯中，放置冰箱約 3 分鐘。

4 從冰箱取出飲品杯，將蘇打水慢慢倒入即可。

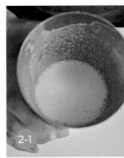

TIPS

◎ 蘇打水可以先冰鎮，更好喝又沁涼。

◎ 搖盪方式可以用電動攪拌器代替，避免手部受傷。

◎ 可增加適量液態鮮奶油一起搖盪，增加泡沫量。

鳥語花香

以綠茶、接骨木糖漿強化整體味覺結構，
裝盛於可愛的小鳥造型飲品杯裡，
再使用煙燻槍製造煙霧效果，
讓這道飲品更詩情畫意。

材—料 Ingredients

綠茶葉	6g
熱水	100ml
（溫度85～90℃）	
琴酒	45ml
綠檸檬汁	15ml
百香果糖漿	20ml
接骨木糖漿	15ml
冰塊	適量
迷迭香	1小枝

作—法 Step by Step

1 綠茶葉沖泡熱水3分鐘，使用濾茶器將茶湯倒入搖酒器，冷卻。

2 琴酒、綠檸檬汁、百香果糖漿、接骨木糖漿、八分滿冰塊加入作法1搖酒器，搖盪均勻。

3 使用小漏斗將酒液慢慢倒入小鳥杯內，裝飾迷迭香。

4 再運用煙燻槍製造煙霧效果即可。

TIPS

如果沒有小鳥杯、煙燻槍，則用雞尾酒杯裝盛，並可忽略煙燻過程。

聖基亞

聖基亞是水果酒的統稱，
加入大量蘋果、柳橙等當季水果調製，
口感像是水果茶帶點紅酒的香氣，
是一款容易暢飲的飲品。

材一料 Ingredients

冰塊	適量
紅酒	120ml
白蘭地	15ml
白柑橘香甜酒	15ml
蜂蜜	30ml
蘇打水	120ml
柳橙片	1片
蘋果片	1片
綠檸檬片	1片
馬鞭草	1小枝

作一法 Step by Step

1 杯子加入五分滿冰塊。

2 紅酒、白蘭地、白柑橘香甜酒、蜂蜜倒入搖酒器。

3 加入八分滿冰塊，搖盪均勻後倒入杯中，再慢慢加入蘇打水。

4 將柳橙片、蘋果片、綠檸檬片放入杯中，以馬鞭草裝飾即可。

TIPS

☐ 可選擇喜歡的水果，增加風味及層次。

☐ 喜歡香草植物，可將馬鞭草換成百里香。

🍸 飲品示範│陳韋成

粉紅松鼠

粉紅色的雞尾酒，
奶油帶滑順不膩的口感，
富含杏仁和巧克力的誘人味道，
是一款有趣又可愛的雞尾酒。

材　料 Ingredients

杏仁香甜酒	20ml
伏特加	20ml
無糖鮮奶油	40ml
紅石榴糖漿	10ml
冰塊	適量
荳蔻粉	1g

作　法 Step by Step

1 杏仁香甜酒、伏特加、鮮奶油、紅石榴糖漿、八分滿冰塊加入搖酒器。

2 將搖酒器搖盪均勻，再倒入杯中，上方撒上荳蔻粉裝飾即可。

TIPS

▢ 搖的時間與次數可以比一般多，增加更多泡沫感。

▢ 杯子可以先進行冰杯（作法見 P.24），即是將杯子放入杯塊與水至八分滿進行冰杯約 1 分鐘後，將杯內冰塊與水倒掉即完成冰杯。

飲品示範 陳韋成

楊貴妃

相傳楊貴妃最愛的水果就是荔枝，
這款酒以琴酒、荔枝香甜酒、
東方美人茶、紅石榴糖漿和檸檬汁製成，
品嘗時有荔枝香甜和東方美人茶甘味。

材 — 料 Ingredients

東方美人茶葉	5g
熱水 90ml（溫度85～90℃）	
琴酒	45ml
荔枝香甜酒	20ml
紅石榴糖漿	5ml
玫瑰糖漿	30ml
檸檬汁	15ml
冰塊	適量
柳橙皮	1g
白砂糖（細）	適量
百里香	1小枝

作 — 法 Step by Step

1 東方美人茶葉沖泡熱水3分鐘，使用濾茶器將茶湯倒入搖酒器，冷卻備用。

2 琴酒、荔枝香甜酒、紅石榴糖漿、玫瑰糖漿、檸檬汁和八分滿冰塊加入作法1搖酒器中，搖盪均勻。

3 杯子完成糖口杯：使用柳橙皮將杯口沾溼，再沾一圈白砂糖即可。

4 將搖盪均勻的調酒倒入糖口杯，裝飾百里香即可。

TIPS 杯子可以先進行冰杯（作法見 P.24）。

飲品示範｜陳韋成

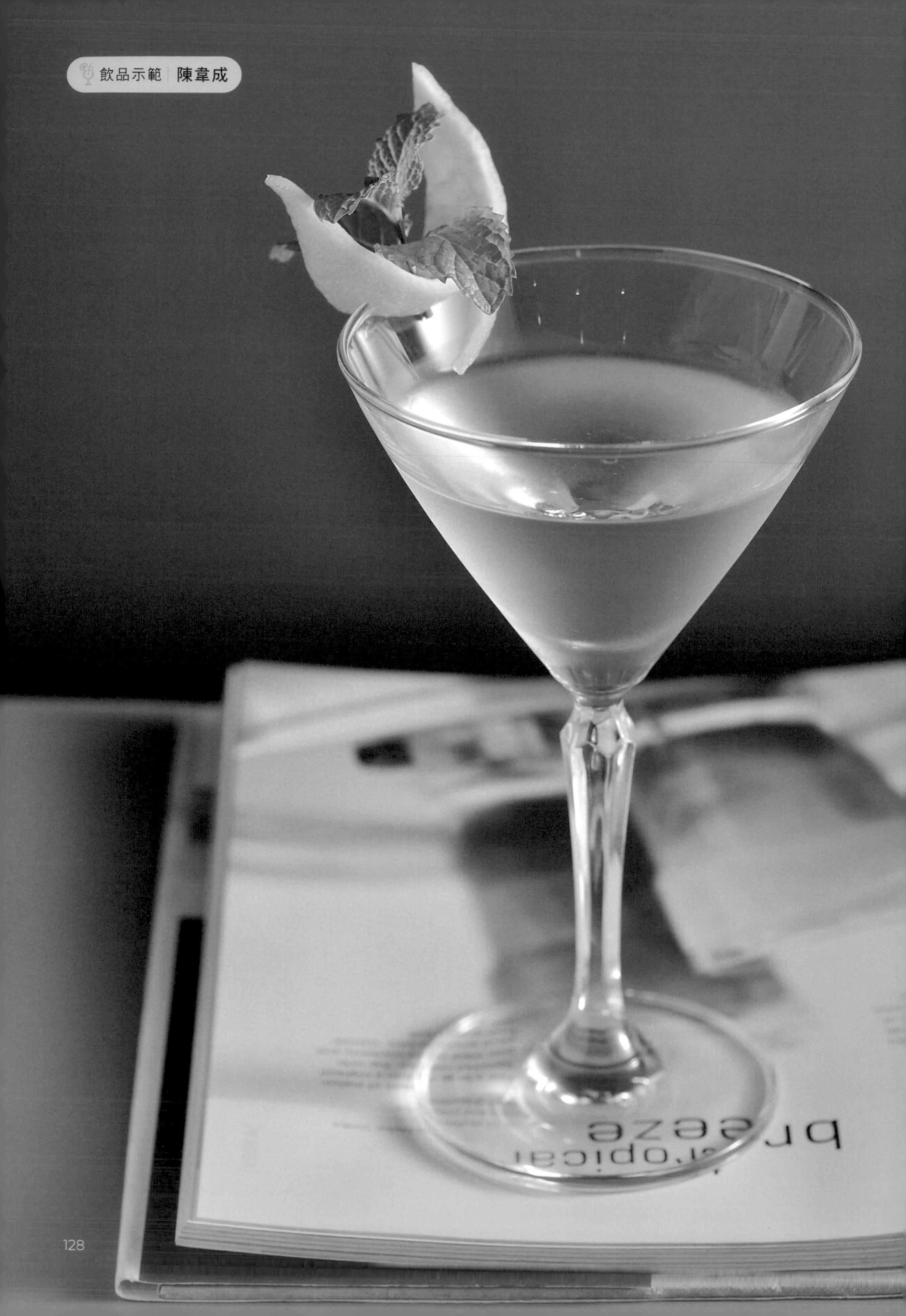

突發奇想

這杯飲品的甜度降低許多，平衡度變得更完美，
入口非常柔順，讓喜歡層次較多者，
更是一杯難忘的雞尾酒。

材 料 Ingredients

琴酒	45ml
不甜苦艾酒	15ml
班尼迪克丁香甜酒	15ml
柑橘苦精	2ml
冰塊	適量
黃檸檬皮	1片
薄荷葉	1小枝

TIPS

- 冰塊可以使用實心或大冰塊進行攪拌。
- 杯子可以先進行冰杯（作法見 P.24）。

作 法 Step by Step

1 琴酒、不甜苦艾酒和班尼迪克丁甜酒倒入攪拌杯，攪拌均勻。

2 柑橘苦精倒入攪拌杯，放入五分滿冰塊，使用吧叉匙攪拌均勻。

3 再倒入作法1杯中，上方放黃檸檬皮、薄荷葉裝飾即可。

QQ奶

擁有可可溫潤的香甜，配上鮮奶絲滑柔順的口感，
濃郁奶味伴隨清香，以及布丁交織出的濃郁口感，
只要喝一次，就算不是奶茶控，也欲罷不能！

飲品示範｜陳韋成

材一料 Ingredients

白可可香甜酒	30ml
深可可香甜酒	30ml
鮮奶	180ml
布丁	1個（100g）

作一法 Step by Step

1 白可可香甜酒、深可可香甜酒、
鮮奶加入搖酒器，搖盪均勻。

2 布丁放入杯中，將調酒倒入杯
中即可。

TIPS 喜歡甜的口感，可以加少許糖水（作法見 P.20）。

紐約酸酒

外觀上多了層次感且風味爲現代調酒，
深受多數人喜歡，
您可以同時感受到紅酒與威士忌酸
在口中漸漸融合的滋味！

材 ー 料 Ingredients

威士忌	45ml
綠檸檬汁	20ml
糖水 15ml ⪼ P.20（兩種糖水皆可）	
冰塊	適量
紅酒	30ml
綠檸檬片	2片
黃檸檬片	1片

作 ー 法 Step by Step

1 威士忌、綠檸檬汁、糖水、八分滿冰塊倒入搖
酒器，搖盪均勻。

2 再倒入杯中，上方倒入紅酒分層，以綠檸檬、
黃檸檬裝飾即可。

TIPS

- 製作分層可以使用吧叉匙輔助。
- 杯子可以先進行冰杯（作法見 P.24）。

一杯飲品平易近人，容易被大眾所接受。
除非您非常討厭椰奶與鳳梨，
不然椰子與鳳梨撞擊出來的絕搭口感，
入喉後讓人暑氣全消，彷彿置身於熱島沙灘，
度過快樂周末假期！

椰林風情

材 — 料 Ingredients

白蘭姆酒	45ml
椰漿	30ml
鳳梨汁	90ml
綠檸檬汁	10ml
二砂糖水	10ml ∽ P.20
無糖鮮奶油	5ml
冰塊	適量
碎冰	適量
鳳梨葉	3片
鳳梨乾	1片
紙傘	1支

作 — 法 Step by Step

1 白蘭姆酒、椰漿、鳳梨汁、綠檸檬汁、糖水、無糖鮮奶油、八分滿冰塊倒入搖酒器，搖盪均勻。

2 碎冰倒入杯中，再將作法 1 調酒倒入杯中。

3 以鳳梨葉、鳳梨乾、紙傘裝飾即可。

TIPS

TIKI 杯可以用其他杯子代替。

沒有無糖鮮奶油，也可換成鮮奶或動物性鮮奶油。

因成分材料較多，搖盪次數需增加，避免材料混合不完全。

蛋蛋的哀傷

蛋蛋的哀傷酒感不算重，聞起來是濃郁的果香味道，
入口則像是喝甜點般，奶香滑順卻不甜膩，
尾韻還有蜂蜜的清香。

材料 Ingredients

伏特加	45ml
綠檸檬汁	15ml
柳橙汁	30ml
鮮奶	30ml
蜂蜜	20ml
蛋黃	1個
冰塊	適量
柳橙片	1片

作法 Step by Step

1 伏特加、綠檸檬汁、柳橙汁、鮮奶、蜂蜜、蛋黃、八分滿冰塊加入搖酒器，搖盪均勻。

2 冰塊加入杯中至八分滿，作法1調酒倒入杯中。

3 使用柳橙片裝飾即可。

TIPS

🥃 杯子可以先進行冰杯（作法見 P.24）。

🧊 搖盪次數可以增加，泡沫層次較多。

龍舌蘭日出

酸酸甜甜，不僅順口卻也保留住龍舌蘭獨特的味道，
最後配上絢麗的金紅漸層顏色，是一款適合在派對上出現的調酒。

材 ～ 料 Ingredients

龍舌蘭	45ml
水蜜桃糖漿	30ml
柳橙汁	150ml
紅石榴糖漿	10ml
柳橙乾	1片
百里香	1小枝
冰塊	適量

作 ～ 法 Step by Step

1 杯子裝八分滿冰塊。

2 龍舌蘭酒、水蜜桃糖漿、柳橙汁
倒入作法1杯中，攪拌均勻。

3 使用吧叉匙將紅石榴糖漿慢慢倒
入分層。

4 將柳橙乾、百里香放入杯中裝飾
即可。

TIPS

🧊 可以放入百里香或其他香草植物，增加香氣。

🧊 龍舌蘭又稱特吉拉酒，大致分三大類：白色龍舌蘭
無色無，經橡木桶熟成，味道辛辣；金色特吉拉於
橡木桶中儲存約2個月至1年，成琥珀色、口感溫
和；陳年特吉拉於橡木桶熟成1年以上，口味柔和
順口。

沉睡的森MORI

清爽的風味，帶一絲絲的苦味，反而讓這款調酒變得更有成熟韻味，
適合喜歡大人風範的品酒者。

材料 Ingredients

蛋白	30ml
琴酒	45ml
青蘋果香甜酒	30ml
蝶豆花糖水	30ml
冰塊	適量
蘇打水	60ml
柳橙乾	1片
馬鞭草	1小枝

TIPS

- 蘇打水可以先冰鎮，更好喝又沁涼。
- 打發蛋白的搖盪方式可以用電動攪拌器代替。

作法 Step by Step

1 蛋白倒入搖酒器，搖盪到打發蓬鬆備用。

2 琴酒、青蘋果香甜酒、蝶豆花糖水、打發蛋白、八分滿冰塊加入搖酒器，搖盪均勻。

3 杯中放入五分滿冰塊，倒入調酒，再倒入蘇打水至八分滿。

4 放入柳橙乾、馬鞭草裝飾即可。

蝶豆花糖水

材料

熱水 60ml
白砂糖 30g
乾燥蝶豆花 3g

作法

1 熱水、白砂糖和蝶豆花倒入鍋中。

2 以中火煮滾，看到顏色變深紫色，關火放涼備用。

藍色珊瑚礁

漂亮的大自然珊瑚礁是五顏六色，
配上藍色的香甜酒，渲染成清涼顏色，
喝起來酸酸甜甜，
可說是派對調酒的最佳選擇。

材 料 Ingredients

伏特加	30ml
藍柑橘香甜酒	30ml
綠檸檬汁	20ml
冰塊	適量
蘇打水	90ml
柳橙片	1片

作 法 Step by Step

1 伏特加、藍柑橘香甜酒、綠檸檬汁、
八分滿冰塊加入搖酒器，搖盪均勻。

2 冰塊加入杯中至八分滿，再倒入蘇打
水，以柳橙片裝飾即可。

TIPS 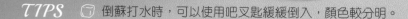 倒蘇打水時，可以使用吧叉匙緩緩倒入，顏色較分明。

側車

一款白蘭地爲基酒的短飲酒，
因檸檬的酸、糖水的甜，
綜合平衡的口感。
水果的香氣讓白蘭地的味道變得溫和許多，
是容易讓人接受的調酒。

材 料 Ingredients

白蘭地	45ml
君度橙酒	15ml
香橙干邑白蘭地	5ml
綠檸檬汁	20ml
糖水 —— 10ml ╳ P.20（兩種糖水皆可）	
碎冰	適量
柳橙皮	1片
紅櫻桃	1顆
綠檸檬片	1片

作 法 Step by Step

1 白蘭地、君度橙酒、香橙干邑白蘭地、綠檸檬汁、糖水和八分滿碎冰加入搖酒器，搖盪均勻。

2 碎冰加入杯中至八分滿，調酒倒入杯中。

3 以柳橙皮、紅櫻桃、綠檸檬片裝飾即可。

TIPS

▢ 杯子可以先進行冰杯（作法見 P.24）。

▢ 倒入酒液時，可以使用雙層濾網將小碎冰濾掉，味道比較不會被稀釋。

邁泰

整杯酒酸酸甜甜的，還有一些似糖果的杏仁味，
果香酒香交疊，有時候依序呈現，有時候又融合一起。
整體來說酒精濃度偏高，不小心喝得太嗨，很容易把自己弄醉。

材 料 Ingredients

香橙干邑白蘭地	20ml
杏仁糖漿	20ml
綠檸檬汁	10ml
柳橙汁	10ml
原味苦精	5ml
碎冰	適量
深色蘭姆酒	60ml
鳳梨葉	2葉
鳳梨片	1片
紅櫻桃	1顆

作 法 Step by Step

1 香橙干邑白蘭地、杏仁糖漿、綠檸檬汁、柳橙汁、原
味苦精、八分滿碎冰加入搖酒器，搖盪均勻。

2 碎冰加入杯中至八分滿，調酒倒入杯中。

3 使用吧叉匙將深色蘭姆酒慢慢倒入杯中，形成分層。

4 以鳳梨葉、鳳梨片、紅櫻桃裝飾即可。

TIPS

☐ 深色蘭姆酒經過陳年釀製，較
有木桶以及糖香，風味獨特；
淺色蘭姆酒未經陳年釀製，口
感較清爽。兩者風味不同，可
依照個人喜好使用。

🍸 飲品示範 | 陳韋成

Chapter *7*

職人
創意飲

日常容易取得的食材融合職人的創作，
帶給自己和家人調飲的驚喜滋味，
來試試搖出專業的創意特調吧！

檸愛莫西多
Just Love

以經典雞尾酒莫西多酒譜概念為基礎，
設計成為一款無酒精飲料，
結合天然手洗愛玉凍，穿插黃檸檬與綠檸檬的滋味香氣，
這款氣泡飲為味覺帶來清涼與微刺激口感。

材一料 Ingredients

萊姆	30g
薄荷葉	10片
白砂糖	1大匙
手洗愛玉凍	40g
碎冰	適量
黃檸檬	1片
綠檸檬	1片
無色汽水	1罐（350ml）
薄荷葉	1小枝

TIPS

- ☐ 無色汽水可依個人喜好選購雪碧、七喜汽水或黑松汽水。
- ☐ 搓洗愛玉籽必須使用富含礦物質的水源製作，若使用 RO 逆滲透水，反而不容易成功。
- ☐ 萊姆皮較光滑、無籽，可以用綠檸檬或黃檸檬取代。

作一法 Step by Step

1 將萊姆切成 4 小塊。

2 薄荷葉、白砂糖、萊姆塊依序放入飲品杯，以搗棒將杯中材料搗碎。

3 將凝固的愛玉凍切小塊，放入杯中約 1/3 高度。

4 再倒入碎冰至八分滿，放入黃檸檬片、綠檸檬片貼於杯壁。

5 最後倒入無色汽水，攪拌均勻，以薄荷葉裝飾即可。

手洗愛玉凍

材料

愛玉籽 10g
礦泉水 500ml

作法

1 愛玉籽裝入棉布袋備用。

2 礦泉水倒入鋼盆內，搓洗愛玉籽袋，逐漸搓出濃稠的黏液。

3 再倒入有深度的平盤中，使其凝固成愛玉凍。

春日櫻莓戀
氣泡飲

百花齊放春暖花開的季節，
這款氣泡飲有誘人的草莓與鹽漬櫻花，
讓我們一邊喝著飲品，一邊喝欣賞氣泡飲中
的櫻花與草莓漂浮風景。

飲品示範│余姍青

TIPS

- 鹽漬櫻花可以在食品材料行購得。
- 草莓醬可以利用草莓盛產時自製，更符合自製飲品之目的。

材─料 Ingredients

鹽漬櫻花	3朵
草莓醬	2大匙 ⁓ P.31
無糖氣泡水	1罐（350ml）
冰塊	適量
草莓丁	40g

作─法 Step by Step

1 鹽漬櫻花以常溫開水浸泡後，去除多餘的鹽分後撈起，以紙巾吸乾水分。

2 草莓醬倒入杯底，再加入冰塊至八分滿。

3 將鹽漬櫻花塞入冰塊縫隙中，接著倒入無糖氣泡水至八分滿。

4 表面撒上草莓丁或草莓片即可。

夏日芒蘇蘇

夏天是盛產芒果的季節，把屬於和陽光一樣耀眼的香濃芒果
原汁搭配氣泡水、微酸的可爾必思。香甜中帶著乳酸的口感，
又有氣泡水的清涼感，是一款最符合夏季的專屬飲料。

🍹 飲品示範｜余姍青

材一料 Ingredients

可爾必思濃縮液	30ml
冰塊	適量
愛文芒果	150g
無色汽水	1罐（350ml）
食用花	適量

作一法 Step by Step

1 可爾必思濃縮液倒入杯底，放入
　冰塊至八分滿。

2 愛文芒果去皮和籽，切成小塊，
　以果汁機或均質機打成果泥。

3 將芒果果泥倒入作法1杯中，接
　著倒入無色汽水至八分滿。

4 最後撒上食用花飄浮在飲料表面。

TIPS

🧊 愛文芒果顏色飽滿、香氣濃郁芬芳，不建議替換成其他芒果，果泥必須以果
　汁機或均質機打至細膩無大顆粒，喝起來才會順口。

🧊 市面上無色汽水的選擇有雪碧、七喜汽水或黑松汽水，可依個人喜好選購。

酸梅糖
氣泡飲

以金桔檸檬為基礎，
與蜂蜜的甜蜜滋味結合，
再搭上自製梅心棒棒糖，
讓棒棒糖不僅是用來調和飲料
的攪拌棒，
還有邊喝邊舔酸梅糖的樂趣！

材 ～ 料 Ingredients

蜂蜜	60ml
話梅	3顆
綠檸檬汁	30ml
金桔汁	60ml
冰塊	適量
無色汽水	1罐（350ml）
綠檸檬片	1片

作 ～ 法 Step by Step

1 蜂蜜與話梅放在杯中，浸泡在杯底。

2 杯中加入冰塊至八分滿。

3 綠檸檬汁、金桔汁與冰塊放入搖酒器，搖盪均勻，再濾出於杯中。

4 加入冰塊至杯子八分滿，將無色汽水倒入杯子。

5 綠檸檬片與切開擠汁的金桔放入杯中裝飾，每杯配1支梅心棒棒糖享用即可。

TIPS

- 製作梅心棒棒糖時，必須注意糖漿高溫容易燙傷，糖漿煮製完成後，若想要達到黃褐色效果，可以將糖漿稍微冷卻待糖漿顏色上色，再將糖漿倒於話梅上方。

- 梅心棒棒糖因糖漿煮製基本操作量，故一次製作數量比較多，多的棒棒糖可以分別包裝後當成糖果食用。

梅心棒棒糖

材料

話梅 20 顆
冰棒棍 20 支
白砂糖 250g
水 125ml

作法

1 話梅與冰棒棍平鋪於不沾烤盤上，或是鋪於不沾烤盤紙（布）上。

2 白砂糖放入單柄鍋，倒入水，以小火煮至 150℃，離火。

3 將加熱完畢的糖漿立即倒在話梅與冰棒棍上方，並保留每支棒棒糖空間。

4 待糖漿冷卻後，梅心棒棒糖即可取下。

蝶豆花洛神氣泡飲

神祕藍色的蝶豆花沒有強烈的味道，與艷紅色的洛神帶著酸，
隔著碎冰在兩頭爭奇鬥艷，與無色汽水融合一起，就是視覺豐富的飲品。

材一料 Ingredients

乾燥蝶豆花	5朵
熱水	100ml
	（溫度90～95℃）
洛神花果醬	2大匙
碎冰	適量
無色汽水	1罐（350ml）
食用花	2朵

飲品示範 | 余姍青

作一法 Step by Step

1 蝶豆花以熱水沖泡出顏色，
   再以容器隔冰水立即降溫。

2 將洛神果醬鋪於杯底，加入
   碎冰至八分滿，再倒入無色
   汽水至1/2杯。

3 將降溫的蝶豆花茶倒入杯中
   八分滿，最後以食用花裝飾
   即可。

TIPS

乾燥蝶豆花比新鮮
蝶豆花方便保存，也
較容易沖泡。

市售洛神花果醬酸
度與甜度不一，可於
產季時以新鮮洛神
花自製果醬。

晴空蘇打

可爾必思乳酸菌的微酸與微甜，
藍柑橘糖漿所呈現的湛藍一片，
可以揮別黯淡心情、開拓心胸，
馬上甩開暑氣，喝到汽水的舒爽滋味。

材 ～ 料 Ingredients

藍柑橘糖漿	30ml
可爾必思濃縮液	30ml
冰塊	適量
無色汽水	1罐（350ml）

作 ～ 法 Step by Step

1 藍柑橘糖漿倒入杯中。

2 倒入可爾必思濃縮液，再加入冰塊至
八分滿。

3 接著倒入無色汽水至八分滿，以吧叉
匙延著杯內壁輕輕攪拌 3 下即可。

TIPS

🧊 如果沒有吧叉匙，可以用長冰茶匙代替，
並注意勿過度攪拌。

🧊 可爾必思為原味營業用濃縮版，市場上
也有芒果、水蜜桃等口味可以挑選，濃
縮液與水 1：4 調勻後即可飲用。

🍹 飲品示範 │ 余姍青

百香鮮檸冰果茶

夏天熱情的百香果，與檸檬、金桔的酸結合，

解除夏天的熱與黏膩，

加上二砂糖、蜂蜜融合，放在冷凍庫方便飲用消暑涼方。

想喝時加上氣泡水，喝上一杯大呼過癮。

飲品示範│余姍青

材 ⌒ 料 Ingredients

碎冰 ⋯⋯⋯⋯⋯⋯⋯⋯ 適量
新鮮水果 ⋯⋯⋯⋯⋯ 各少許
　（百香果、綠檸檬、金桔）
鮮果冰塊 ⋯⋯⋯⋯⋯⋯ 1個
無糖氣泡水 ⋯⋯ 1罐（350ml）
薄荷葉 ⋯⋯⋯⋯⋯⋯ 1小枝

TIPS

🧊 想要更豐富的飲用口感，可將
　無糖氣泡水改為紅茶或青茶。

🧊 鮮果類材料亦可加入鳳梨丁
　或芒果丁，變化不同的口感。

🧊 可以裝飾新鮮食用花、薄荷
　葉等植物，與榨汁後的金桔
　加入飲品中裝飾。

作 ⌒ 法 Step by Step

1　碎冰倒入杯中約五分滿，再將製作鮮果凍預留的水果放入
　杯中。

2　接著加入 1 個鮮果凍冰塊，最後倒入無糖氣泡水，裝飾薄
　荷葉即可。

鮮果冰塊

材料

百香果 170g
綠檸檬 240g
金桔 150g
二砂糖 5 大匙
蜂蜜 5 大匙

作法

1　百香果切開後取出果肉及汁。

2　綠檸檬切圓片後，圓片再切成 1/8 或 1/4 角
　狀；金桔切成 1/4 角，備用。

3　將百香果肉和汁、綠檸檬和金桔倒入鋼盆，
　加入二砂糖與蜂蜜，攪拌均勻。

4　接著分裝於容量約 50ml 的塑膠密封杯（留
　少許果肉於調飲使用），冷凍至凝固，大約
　可做 8～10 個鮮果冰塊。

  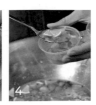

夏日忙西瓜

無論是大紅西瓜還是小玉西瓜，
都帶著夏天清涼的必備元素，
將西瓜汁變成西瓜造型的飲品，用喝的體驗另一種清涼。

飲品示範 余姍青

材一料 Ingredients

香蘭葉凍	40g
希臘優格	3～5大匙
紅西瓜果肉	250g
冰塊	適量

TIPS

🗋 以果凍粉製作果凍一定要加熱到沸騰，以利後續果凍凝結。

🗋 西瓜亦可選擇黃肉的小玉西瓜製作，有另外的黃色果肉效果。

作一法 Step by Step

1 透明杯外觀以簽字筆畫上西瓜圖案或表情。

2 香蘭葉凍切丁後放入杯底，再將希臘優格鋪於香蘭凍上。

3 紅西瓜果肉切塊後放入果汁機，打成西瓜汁並過濾去籽。

4 加入五分滿冰塊於果汁機，與西瓜汁再次攪打成均勻無大冰塊。

5 將西瓜冰沙倒入杯中即可。

香蘭葉凍

材料

果凍粉 10g
白砂糖 30g
新鮮香蘭葉 30g
水 300g

作法

1 果凍粉與白砂糖在鍋中混合均勻。

2 香蘭葉與水放入果汁機，攪打成汁，再過濾除渣後倒入鍋中。

3 鍋中以中火加熱，並攪拌至煮滾。

4 再倒入平盤，冷藏凝固即是香蘭葉凍。

青檸戀玫瑰

當檸檬遇上玫瑰，
猶如輕淡的玫瑰香與檸檬微酸的火花，
再以蜂蜜調和這般滋味，
讓這杯聞起來有花香、喝起來有甘甜
及帶點酸的味覺感受兼具了。

TIPS

- 乾燥花草茶可以在材料行購買。
- 玫瑰花茶沖泡出來顏色如果呈現鮮豔紅色，可能有人工色素染色的問題，請多加注意。

材料 Ingredients

乾燥玫瑰花	10朵
熱水	150ml（溫度90～95℃）
冰塊	適量
蜂蜜	30ml
綠檸檬汁	15ml
乾燥玫瑰花瓣	10片

作法 Step by Step

1 乾燥玫瑰花以熱水沖泡至茶湯出色，濾出。

2 玫瑰花茶倒入搖酒器，放入冰塊與蜂蜜，立即搖盪均勻降溫。

3 杯中加入八分滿冰塊，再將搖盪後的飲料倒入杯中。

4 接著倒入綠檸檬汁於杯子最上層，最後撒上乾燥玫瑰花瓣裝飾即可。

饮品示範 | 余姍青

冰淇淋雙倍清涼氣泡飲

杯子裡五顏六色的七彩水果丁
漂浮在冰塊之間，從冷凍庫取
出 -18℃冰淇淋，與製冰盒裡
也是 -18℃冰塊，雙倍 -18℃溫
度給我們雙倍的清涼。

材料 Ingredients

藍柑橘糖漿	30ml
芒果丁	10g
奇異果丁	10g
草莓丁	10g
藍莓	7g
無色汽水	1罐（350ml）
香草冰淇淋	1球
薄荷葉	2片

作法 Step by Step

1 藍柑橘糖漿倒入杯底。

2 各種水果與冰塊穿插放入杯中至八分滿，再倒入無色汽水至八分滿。

3 扣上1球香草冰淇淋，以薄荷葉裝飾即可。

TIPS

🧊 各種新鮮水果可以替換成好取得或是當季水果。

🧊 冰淇淋種類以味道比較不強烈的為主，建議用香草冰淇淋搭配。

鮮果冰棒
蘇打

吃冰是消暑的一種方式，
喝著清涼的飲料也是降溫的好方法，
將兩種清涼的消暑方式合而爲一，
看著水果在杯中旋轉，
又能吃冰棒又能喝著飲料，
眞的很暢快人心。

飲品示範｜余姍青

材—料 Ingredients

洛神花果醬	2大匙
冰塊	適量
無色汽水	1罐（350ml）
鮮果冰棒	1支
食用花	1朵

作—法 Step by Step

1 洛神花果醬倒入杯底。

2 加入冰塊至六分滿，再倒入無色汽水至八分滿。

3 取1支鮮果冰棒放入杯中，食用花裝飾即可。

鮮果冰棒

材料

無糖優格 300ml
奇異果片 18 片
草莓片 18 片
藍莓 30g
芒果丁 60g

作法

1 優格以擠花袋裝填備用。

2 將奇異果片、草莓片貼於冰棒模型外側，穿插填入優格及其他水果。

3 蓋上冰棒模型蓋，放入冰箱冷凍凝固，此配方可做 5 ～ 6 支冰棒。

4 冰棒取出前可以先用水沖一下，冰棒模型外殼比較容易取出。

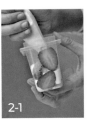
2-1

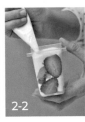
2-2

3

TIPS

◻ 食用花可以換成薄荷葉等香草植物。

◻ 市面上冰棒模型大小不一，可以視情況調整優格與水果用量。

◻ 鮮果冰棒的水果可以換成自己喜歡的種類，採用鮮豔豐富的食材創造繽紛的效果，亦可選擇原味或有甜度的優格。

紅蘋果
泡泡

這杯飲品有新鮮蘋果丁，
以及白砂糖炒成的蜜蘋果，
同時提供了兩種不同的蘋果口感。
飲用時搭配冰茶匙，
喝飲料時能更方便吃到蘋果，
又能喝得到氣泡紅茶。

材──料 Ingredients

阿薩姆紅茶葉	6g
熱水	150ml
（溫度90～95℃）	
糖水	15ml ⟩ P.20
（兩種糖水皆可）	
冰塊	適量
蜜蘋果	2大匙
無糖氣泡水	1罐（350ml）
蘋果丁	10g
蘋果片	5片

作──法 Step by Step

1 阿薩姆紅茶葉沖泡熱水3分鐘，使用濾茶器將茶湯倒入搖酒器，冷卻備用。

2 茶湯冷卻後，加入糖水、八分滿冰塊，搖盪均勻。

3 取2大匙蜜蘋果至杯底，再倒入少許作法1紅茶，先以吧叉匙將蜜蘋果稍微攪開。

4 取適量冰塊入杯至八分滿。

5 將搖盪後的紅茶倒入杯中，無糖氣泡水倒入杯中至八分滿。

6 接著放入蘋果丁使其漂浮在最頂端，最後放上蘋果片裝飾即可。

TIPS

🧊 炒製時注意高溫與糖漿噴濺。

🧊 炒蜜蘋果丁若炒較乾，蘋果丁容易整個結成塊狀而不容易操作，可視情況增加水量，以好操作炒至略濃稠狀即可。

🧊 無糖氣泡水是透明無色無味，無甜味無熱量，富含二氧化碳，市售有天然氣泡礦泉水與人工氣泡水，亦可使用氣泡水機自製。

蜜蘋果

材料

帶皮紅蘋果 100g
白砂糖 50g
水 50g
綠檸檬汁 15ml

作法

1 蘋果切小丁，和白砂糖放入鍋中，以中小火炒出微上色。

2 加入水和綠檸檬汁，炒至濃稠狀，關火稍涼即可使用。

魔幻銀河系特調

檸檬蝶豆花茶添加食用亮粉在杯子裡，製造星空的銀河效果，
讓藍色的蝶豆花茶碰上檸檬的酸味產生顏色變化，
還可以看見細細亮亮的銀河在杯中旋轉流動。

材　料 ngredients

乾燥蝶豆花	5朵
熱水	250ml
（溫度90～95℃）	
糖水	30ml ✕ P.20
（兩種糖水皆可）	
碎冰	適量
食用亮粉	少許
冰塊	適量
綠檸檬汁	15ml

作　法 Step by Step

1. 蝶豆花與熱水沖泡出顏色後冷卻。
2. 糖水與蝶豆花水倒入杯中，攪拌均勻。
3. 再加入碎冰、食用亮粉，輕輕攪拌數下，接著倒入冰塊至八分滿。
4. 一邊攪拌飲料一邊倒入綠檸檬汁，製造旋轉銀河的效果。

飲品示範│余姍青

TIPS

- 若手邊沒有糖水，可以換成蜂蜜也能調整飲料的整體甜味。
- 食用亮粉可以在食品材料行或網路購得，有多種顏色可挑選，您可以選擇基本款銀色較為廣泛運用，亮粉非常輕薄，少量就可創造銀河般的效果。

好事花生 冰咖啡

把早餐抹吐司的花生醬抹在杯子的內側，
製造杯身的紋路效果，
裡面加上濃郁微苦的咖啡牛奶與綿密奶泡，
上面還可以吃到脆脆的花生糖碎粒，
形成多層次口感。

TIPS

市售花生醬分顆粒及無顆粒兩種，
可依自己喜歡的選購。

花生糖碎可用去皮花生敲成有口感
顆粒的碎狀。

材料 Ingredients

花生醬	2大匙
即溶咖啡粉	20g
熱水	100ml
（溫度90～95℃）	
白砂糖	2大匙
鮮奶	90ml
冰塊	適量
冷奶泡	3大匙 ➤ P.19
花生碎粒	1小匙

作法 Step by Step

1 花生醬以湯匙匙背不規則狀抹於杯子內側備用。

2 以熱水沖泡即溶咖啡與白砂糖，待均勻溶解，再倒入鮮奶，
攪拌均勻成咖啡牛奶。

3 冰塊加入杯中至八分滿，倒入咖啡牛奶至八分滿。

4 冷奶泡倒入杯子上層，撒上花生碎粒裝飾即可。

迷霧森林冰咖啡

將漂浮冰咖啡的概念，搭上食用花點綴成森林裡的小花園，
飲用前以煙燻槍製造煙霧的效果，
當煙霧散去才能看清楚這座花園的風景與品嘗迷濛滋味。

材 — 料 Ingredients

即溶咖啡粉	5g
熱水	150ml（溫度90～95℃）
冰塊	適量
香草冰淇淋	1球
食用花	適量

作 — 法 Step by Step

1 即溶咖啡粉以熱水沖泡溶解後冷卻。

2 冰塊放入杯中至六分滿，再慢慢將
  咖啡倒入杯中至八分滿。

3 上層放上香草冰淇淋，在咖啡表面
  擺上食用花裝飾成花園。

4 飲用前再以煙燻槍製造煙霧效果。

飲品示範｜余姍青

TIPS

煙燻槍的使用為製造煙霧效果，家中若無此設備，可以省略。

食用花採購不易，必須是無農藥噴撒無殘留可食用的花卉，建議可以購買整盆食用花，
在家中種植約三個月，使其農藥代謝後食用較為安全。

雲瀑
冰咖啡

看似泡沫豐富的咖啡牛奶，卻帶著柔柔的香草香甜，
看起來像咖啡瀑布，喝起來是滿口綿密的咖啡泡泡，
這是與一般冰咖啡與眾不同的口感。

材─料 Ingredients

即溶咖啡粉 ·· 6g
熱水 ············ 200ml（溫度90～95℃）
香草糖漿 ··· 20ml
碎冰 ··· 適量
鮮奶 ··· 80ml
糖水 ············ 10ml ≫ P.20（兩種糖水皆可）

作─法 Step by Step

1 即溶咖啡粉和熱水倒入搖酒器，攪拌溶解
　成咖啡液。

2 再加入香草糖漿（不加冰塊），搖盪均勻。

3 碎冰放入杯中至八分滿，將搖酒器的香草
　咖啡倒入杯中。

4 鮮奶與糖水倒入另一個搖酒器，以吧叉匙
　攪拌均勻。

5 飲用時將攪拌好的鮮奶糖水倒入作法3杯
　中即可。

TIPS

🍸 香草糖漿可以換成喜歡的口味，例如：焦糖糖漿、
　榛果糖漿，以淺色系風味不過於強烈糖漿為佳。

🍸 咖啡透過劇烈搖盪後產生豐富泡沫，再以糖水鮮
　奶直接沖下，製造雲瀑往下直衝的效果。

🍹 飲品示範│余姍青

五味八珍的餐桌
品牌故事

60 年前，傅培梅老師在電視上，示範著一道道的美食，引領著全台的家庭主婦們，第二天就能在自己家的餐桌上，端出能滿足全家人味蕾的一餐，可以說是那個時代，很多人對「家」的記憶，對自己「母親味道」的記憶。

程安琪老師，傳承了母親對烹飪教學的熱忱，年近 70 的她，仍然為滿足學生們對照顧家人胃口與讓小孩吃得好的心願，幾乎每天都忙於教學，跟大家分享她的烹飪心得與技巧。

安琪老師認為：烹飪技巧與味道，在烹飪上同樣重要，加上現代人生活忙碌，能花在廚房裡的時間不是很穩定與充分，為了能幫助每個人，都能在短時間端出同時具備美味與健康的食物，從 2020 年起，安琪老師開始投入研發冷凍食品。

也由於現在冷凍科技的發達，能將食物的營養、口感完全保存起來，而且在不用添加任何化學元素情況下，即可將食物保存長達一年，都不會有任何質變，「急速冷凍」可以說是最理想的食物保存方式。

在歷經兩年的時間裡，我們陸續推出了可以用來做菜，也可以簡單拌麵的「鮮拌醬料包」、同時也推出幾種「成菜」，解凍後簡單加熱就可以上桌食用。

我們也嘗試挑選一些熟悉的老店，跟老闆溝通理念，並跟他們一起將一些有特色的菜，製成冷凍食品，方便大家在家裡即可吃到「名店名菜」。

傳遞美味、選材惟好、注重健康，是我們進入食品產業的初心，也是我們的信念。

冷凍醬料做美食

程安琪老師研發的冷凍調理包，讓您在家也能輕鬆做出營養美味的料理。

冷凍醬料的 5 大優點

省調味 × 超方便 × 輕鬆煮 × 多樣化 × 營養好

選用國產天麴豬，符合潔淨標章認證要求，我們在材料和製程方面皆嚴格把關，保證提供令大眾安心的食品。

 三友官網

 五味八珍的餐桌官網

五味八珍的餐桌 FB

 程安琪鮮拌味 FB

 程安琪入廚40 年 FB

 五味八珍的餐桌 LINE @

聯繫客服　電話：02-23771163　傳真：02-23771213

冷凍醬料調理包 | 冷凍家常菜

香菇蕃茄紹子

歷經數小時小火慢熬蕃茄，搭配香菇、洋蔥、豬絞肉，最後拌炒獨家私房蘿蔔乾，堆疊出層層的香氣，讓每一口都衝擊著味蕾。

雪菜肉末

台菜不能少的雪裡紅拌炒豬絞肉，全雞熬煮的雞湯是精華更是秘訣所在，經典又道地的清爽口感，叫人嘗過後欲罷不能。

一品金華雞湯

使用金華火腿（台灣）、豬骨、雞骨熬煮八小時打底的豐富膠質湯頭，再用豬腳、土雞燜燉2小時，並加入干貝提升料理的鮮甜與層次。

麻辣紹子

麻與辣的結合，香辣過癮又銷魂，採用頂級大紅袍花椒，搭配多種獨家秘製辣椒配方，雙重美味、一次滿足。

北方炸醬

堅持傳承好味道，鹹甜濃郁的醬香、口口紮實、色澤鮮亮、香氣十足，多種料理皆可加入拌炒，迴盪在舌尖上的味蕾，留香久久。

靠福·烤麩

一道素食者可食的家常菜，木耳號稱血管清道夫，花菇為菌中之王，綠竹筍含有豐富的纖維質。此菜為一道冷菜，亦可微溫食用。

3種快速解凍法

想吃熱騰騰的餐點，就是這麼簡單

1. 回鍋解凍法
將醬料倒入鍋中，用小火加熱至香氣溢出即可。

2. 熱水加熱法
將冷凍調理包放入熱水中，約2～3分鐘即可解凍。

3. 常溫解凍法
將冷凍調理包放入常溫水中，約5～6分鐘即可解凍。

私房菜

純手工製作，交期較久，如有需要請聯繫客服
02-23771163

程家大肉

紅燒獅子頭

頂級干貝 XO 醬

飲品職人時尚輕調飲

掌握飲品基底、調製法和溫杯冰杯技巧，搖出特有風味口感！

書　　　名　飲品職人時尚輕調飲：
　　　　　　掌握飲品基底、調製法和溫杯冰杯技巧，
　　　　　　搖出特有風味口感！
作　　　者　陳韋成、余姍青
資深主編　葉菁燕
美編設計　ivy_design
攝　　　影　周禎和

發 行 人　程安琪
總 編 輯　盧美娜
美術編輯　博威廣告
製作設計　國義傳播
發 行 部　侯莉莉
財 務 部　許麗娟
印　　務　許丁財
法律顧問　樸泰國際法律事務所許家華律師

藝文空間　三友藝文複合空間
地　　址　106 台北市大安區安和路二段 213 號 9 樓
電　　話　（02）2377-1163

出 版 者　橘子文化事業有限公司
總 代 理　三友圖書有限公司
地　　址　106 台北市安和路 2 段 213 號 9 樓
電　　話　（02）2377-1163、（02）2377-4155
傳　　真　（02）2377-1213、（02）2377-4355
E - m a i l　service@sanyau.com.tw
郵政劃撥　05844889 三友圖書有限公司

總 經 銷　大和書報圖書股份有限公司
地　　址　新北市新莊區五工五路 2 號
電　　話　（02）8990-2588
傳　　真　（02）2299-7900

初　　版　2023 年 04 月

定　　價　新臺幣 420 元
I S B N　978-986-364-197-1（平裝）
◎版權所有・翻印必究
◎書若有破損缺頁請寄回本社更換

國家圖書館出版品預行編目(CIP)資料

飲品職人時尚輕調飲：掌握飲品基底、調製法和溫杯冰
杯技巧,搖出特有風味口感!/陳韋成, 余姍青作. -- 初版. --
臺北市 : 橘子文化事業有限公司, 2023.04
　面；　公分
ISBN 978-986-364-197-1(平裝)

1.飲料　2.食譜

427.4　　　　　　　　　　　112001174

http://www.ju-zi.com.tw

三友圖書
友直 友諒 友多聞

三友官網

三友 Line@